现代农业实用技术系列丛书

抚顺地区特色农业实用技术

刘景海　主编

中国农业大学出版社
·北京·

图书在版编目(CIP)数据

抚顺地区特色农业实用技术/刘景海主编．—北京：中国农业大学出版社，2016.12

ISBN 978-7-5655-1017-5

Ⅰ.①抚…　Ⅱ.①刘…　Ⅲ.①特色农业-农业技术-中等专业学校-教材　Ⅳ.①S

中国版本图书馆 CIP 数据核字(2016)第 296254 号

书　　名　抚顺地区特色农业实用技术
作　　者　刘景海　主编

策划编辑　赵　中　　**责任编辑**　韩元凤
封面设计　郑　川　　**责任校对**　王晓凤
出版发行　中国农业大学出版社
社　　址　北京市海淀区圆明园西路 2 号　**邮政编码**　100193
电　　话　发行部 010-62818525,8625　**读者服务部** 010-62732336
编辑部 010-62732617,2618　**出　版　部** 010-62733440
网　　址　http://www.cau.edu.cn/caup　**E-mail** cbsszs@cau.edu.cn
经　　销　新华书店
印　　刷　北京鑫丰华彩印有限公司
版　　次　2017 年 4 月第 1 版　2017 年 4 月第 1 次印刷
规　　格　787×1 092　32 开本　4.125 印张　100 千字
定　　价　11.00 元

内容简介

教材主要用于培养新型农民，具有很强的针对性、适用性，教学内容贴近农民需要，按照农民的知识现状和认知规律，使用农民语言，突出新品种、新技术、新方法、新农艺的介绍，突出操作技能的培养。教材内容包括食用菌生产技术、山野菜生产技术，基本涵盖抚顺地区特色农业生产技术。

总　序

把从业农民招进校门，把教室设在田间地头、果园、畜舍，把课堂办在离农民最近的地方，实行“农学交替”，让农民朋友能够边学习、边生产、边创业，在学习中不断提升实践技能，将农民朋友培养成有文化、懂技术、会经营的农村实用型人才。在国家改革发展示范校的建设中，我校将这种培养模式确定为“送教下乡”人才培养模式。这样既符合职业学校“人人教育、终身教育”的办学理念，又符合中等职业学校“为生产、服务、管理第一线培养实用人才”的人才培养目标定位。

随着“送教下乡”教学工作的有序进行，我们发现给从业农民使用的国家统编教材课程内容追求理论知识的系统性和完整性，所涉及的知识理论性强，并且过深、过难；教材更新周期过长，知识更替缓慢，课程内容不能及时反映新技术、新工艺、新设备、新标准、新规范的变化，所学技能落后于当前农业生产实际。统编教材与农民朋友生产需求相差甚远，严重影响了“送教下乡”农民朋友学习的积极性。因此，为了满足教学的需要，我们根据农民朋友知识结构和生产项目等的特殊性，进行深入的调研，编写了这套《现代农业实用技术系列丛书》，共八册。

本套丛书从满足农民朋友生产需求，促进农民朋友发展的角度，在内容安排上，充分考虑农民朋友急需的技术和知识，突出新品种、新技术、新方法、新农艺的介绍；同时注重理论联系实际，融理论知识于实际操作中，按照农民朋友的知识现状和认知规律，介绍实用技术，突出操作技能的培养。让农民朋友带着项目选专业，带着问题学知识，真正达到“边学边做、理实一体”的学习目标。

由于农业技术不断发展和革新，加之编者对农业职教理念的理解不一，本套丛书不可避免地存在不足之处，殷切希望得到各界专家的斧正和同行的指点，以便我们改进。

本套丛书的正式出版得到了蒋锦标、刘瑞军、苏允平等职教专家的悉心指导，以及农民专家徐等一的经验传授。同时，也得到了中国农业大学出版社以及相关行业企业专家和有关兄弟院校的大力支持，在此一并表示感谢！

抚顺市农业特产学校

2016 年 10 月

前　言

目前我市种植业已呈现出良好的发展势头，急需一本具有本地特色的、通俗易懂、可操作性强的学习教材。结合目前新型农民科技培训的实际需求，我们组织汇编此书，以方便广大农民学员学习，掌握农业生产方面的实用知识和技术。

教材主要用于送教下乡新型农民使用，具有很强的针对性、适用性，教学内容贴近农民需要，按照农民的知识现状和认知规律，使用农民语言，突出新品种、新技术、新方法、新农艺的介绍，突出操作技能的培养。通俗易懂，实用够用。

本书共分两章。第一章食用菌生产，主要包括香菇、平菇、滑菇、榆黄蘑、杏鲍菇、黑木耳的生产流程及栽培技术、病虫害防治、采收加工。第二章山野菜生产，主要包括桔梗、短梗刺五加、刺嫩芽、蕨菜、大叶芹、黄花菜的生产流程及栽培技术、病虫害防治、采收加工。

本书既可用作农民培训教材，又可作为农业技术人员、农村基层干部、相关专业学生和广大农民朋友的阅读材料。

在本书的编写过程中参考和引用了诸多文献资料，汲取了一些专家和学者的成果和观点，在此表示衷心的感谢。

由于编写任务紧、时间仓促，作物生产技术发展很快，内容丰富，编写人员的水平有限，资料获取不够及时，书中不妥或疏漏之处在所难免，敬请专家、农业技术人员、农村基层干部和广大农民朋友提出宝贵意见和指正。

编　者

2016年4月

目　　录

第一章　食用菌生产

第一节　香菇生产

一、生产操作流程

目前我国香菇80%以上由塑料袋栽培生产，因此这里主要介绍袋栽香菇（图1-1-1）技术。

袋料栽培基本工艺流程：

季节选择→生产设备的准备→原料配制→拌料→装袋$\xrightarrow[\text{机装}]{\text{手工装袋}}$灭菌→打穴接种→室内发菌→开口通气→脱袋排场→菌筒转色→变温催菇→出菇管理→采收→复菌管理

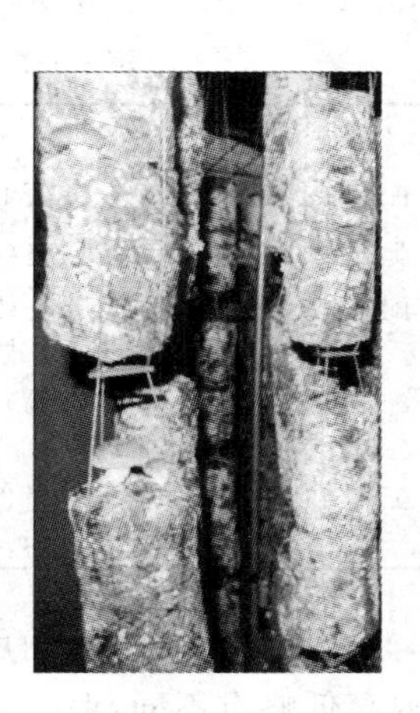

图1-1-1　吊袋栽培模式图

二、操作要点

（一）栽培季节和场地设施

（1）栽培季节　当地温在5℃以上时即可进行栽培，一般在3月中下旬。当温度适宜时，要及时播种。早播种，气温较低，不易感染杂菌；播种晚，播种后容易遇高温，很容易感染杂菌。

(2)场地设施　袋栽香菇一般是室内发菌、室外出菇，或是运用塑料大棚和温室等农业设施栽培香菇。

(二)原料配制

1.配料(表1-1-1)

表1-1-1　常用配方及其配制方法

序号	配　　料
配方一	杂木屑78%、麦麸18%、玉米粉2%、石膏粉2%，水适量
配方二	杂木屑77.5%、麦麸2.0%、糖1%、石膏2%、硫酸镁0.3%，水适量
配方三	杂木屑77.5%、麦麸2.0%、糖1%、石膏2%、硫酸镁0.3%，水适量(适宜不脱袋层架式栽培培育花菇)
配方四	玉米芯(粉碎过筛)60%、木屑20%、麸皮18%、石膏1%，水适量(适宜鲜香菇栽培)
配方五	木屑63%、棉籽壳20%、麸15%、糖1%、石膏1%，水适量(适宜鲜香菇栽培)

以上配方中，水的用量依料的干度、木屑种类、粗细和气温高低略有不同，但一般用量为干料总量的1.3～1.5倍，即100千克干料加水130～150千克。

2.拌料

根据当地条件，选用一种配方，称料。将木屑、麸皮、石膏粉在拌料场干拌混匀，将糖和化肥溶于水中，再与干料混匀，而后用清水加至适量。最好用搅拌机拌料。人工拌料时必须反复翻拌4～6遍，以保证干料吸水均匀。

3.装袋

常用的栽培香菇专用薄膜筒有聚丙烯、高压聚乙烯和低压聚乙烯3种。各地可根据自己的情况，选择不同规格的塑料筒料，截成长50～55厘米的袋子，在装料前先把一端用封口，用线扎口，用火融封。

装袋的方法有装袋机装袋和手工装袋：

(1)装袋机装袋(图1-1-2)

①装袋机装袋　拌好的培养料添进料斗后，用一端开口的塑料袋套在装袋机出料口的套筒上，左手紧握袋，右手托住袋底头往内用力推压，使入袋内的料达到紧实度，此时托袋的右手顺其自然后退，当料装至离袋口6厘米处时，料袋即可退出，并传给下一道扎口工序。

图1-1-2　装袋机装袋

②扎口　采用棉纱或撕裂袋扎口。操作时，先增减袋内培养料，使之达到 2.1～2.3 千克(袋的规格是 15 厘米×55 厘米)，左手抓袋，右手提袋口薄膜，左右对转，使料紧贴，不留空隙，然后把粘在袋口上木屑清掉，纱线捆扎口三四圈后，再反折过来扎 3 圈，袋口即密封。袋口一定要扎紧，防止透气感染杂菌。拌料至装袋结束，在 4 小时内完成。

(2)手工装袋　用手把料装入袋内 1/3 时，把料袋提起在地面上轻轻蹲几下，让料落实，再用拳起的四指将料压实，质量标准及其他工序同机装。见图 1-1-3。

图 1-1-3　手工封袋

在装袋操作时，要注意以下几点：①无论是机装还是手工装袋，松紧度标准：以五指抓袋料，中等用力有微凹为宜。手拿料袋明显凹陷，两端下垂，培养料有明显断裂痕，说明太松，而手用力捏过分硬实说明偏紧。②为了保证成品率，装锅灭菌时先用菌筒浸水法检查。方法是菌筒装料后，浸入水中 7～8 秒钟，如有破洞，水渗入后培养料颜色较深。破洞口用干净的布擦去水后立即贴上胶布。

（三）灭菌

1. 装锅

在灭菌时，装锅方法直接影响到灭菌效果，装锅方法分为以下两种：

（1）锅仓内打层排放（或筐装），每层摆放 4～5 袋，袋与袋之间不要紧贴，每层架间稍留有空隙，锅仓壁四周保留 3～5 厘米距离，便于蒸汽上下运行，没有死角，使温度均匀。

（2）不设层架，“井”字形排列，锅仓装满为止。

2. 灭菌

培养基灭菌有高压蒸汽灭菌和常压蒸汽灭菌，目前生产中一般采用常压灭菌法。常压灭菌，灭菌温度要求 100℃，持续 10～12 小时，火力要求“攻头、保尾、控中间”。即灭菌开始时，火力要猛，锅仓不能漏气，使温度在 4～5 小时内迅速上升到 100℃。恒温时间的长短，要根据装锅方法和装袋多少而灵活掌握。装量在 1 000 袋以内，采取打架分层排列法，锅仓内的蒸汽能正常均匀地上下运行，灭菌 8～10 小时；装量 1 000～2 000 袋，灭菌 12～14 小时。所谓的灭菌时间，是指保持 100℃，中途不停火，不降温。锅内水量不足时，要加热水防止干锅，灭菌后，待锅内温度降至 60℃以下出锅，料袋出锅要小心搬运，防止损伤，并要放在消毒处理的培养室或干净清洁的屋内并“井”字排放冷却。图 1-1-4 为新式灭菌锅。

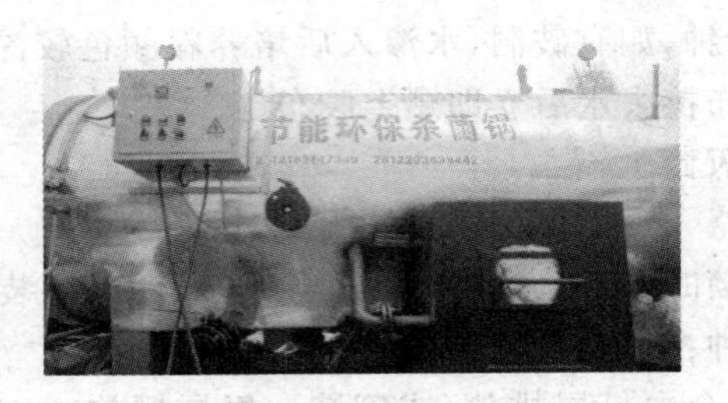

图 1-1-4　新式灭菌锅

(四)打穴接种

接种量少时,可在无菌箱内接种;大量的袋料筒接种宜在无菌室中进行。

1. 菌种预处理

认真挑选无杂菌、长势旺的菌种,用消毒药液清洗菌种瓶。接种前要注意把菌种处理好。办法是用棉花蘸取酒精擦洗菌种瓶进行消毒,擦洗时先瓶内后瓶外,再把表面老化的菌种挖出,然后用 12 厘米×12 厘米的、经 75%酒精浸泡过的塑料薄膜罩上,并用橡皮筋扎紧或把棉塞在酒精灯火焰上烘烧片刻后再塞上。菌种处理后应马上使用,这样可以减少杂菌污染。

2. 无菌室的消毒

把菌筒、接种工具,经处理过的菌种搬到无菌室后把门窗密闭,用甲醛、来苏儿溶液喷雾,然后每立方米用高锰酸钾 14 克、甲醛 13～17 毫升进行熏蒸消毒。

无菌室的消毒,也可以用双氧水加紫外线灯消毒法。使用方法是将接种室打扫干净,接种室的空间和地面四周先用1%～3%的双氧水喷雾,然后搬进灭菌好的菌筒、接种工具和已经处理好的菌种,再用双氧水空间喷雾,最后启动紫外线灯,灭菌20～30分钟,关闭紫外线灯,停10～20分钟后进行接种。

3.打穴

先擦去袋面残留物,在袋面等距离处用打洞器打3个接种穴,再翻至背面错开打2个接种穴。穴的口径大小为1.5厘米,深2厘米。

4.接种

无菌室和缓冲间要安装30瓦紫外线灯1支,在接菌前,采取上述的药剂灭菌后,再用紫外线灯灭菌30分钟,要边打穴、边接种、边封口。接种时,菌种瓶口要始终用酒精灯焰封住,用接种器在菌瓶内提出菌种,迅速地通过酒精灯焰区,把菌种接入穴内。把剪好的3.25厘米×3.25厘米的胶布贴封穴口,菌种要接足量,并要微凸,胶布要贴在穴中心,四边等宽、粘牢。一般每瓶菌(500克菌瓶)可接20袋左右。一批接完后,要开门窗换气30～40分钟,重新灭菌再接第二批。有条件可以采用新的灭菌接种技术:室内悬挂一台消毒器,打开定时开关,根据接菌室的大小,灭菌30～60分钟,即可接菌,此法省工省时,无异味,无刺激,可采用先打穴套袋法,不贴胶布。

接种时要注意以下几点:①接种人员一定要干净,工作服等应经常洗晒熏蒸，双手和用具都要用75%的酒精消毒，都要严格按无菌操作要求进行。②培养室大，灭菌量小，可采用无菌室接种。没有专用的无菌室，可以在房间的一角用宽幅薄膜制成小房间代替，要求设有缓冲间，封闭后不能与外界空气流通交换。

(五)菌丝培养

接种后，菌袋要及时移入温度为25～27℃的发菌室内排放。

1. 菌袋的堆叠方式

(1)平地堆叠法　按"井"字形横直交叉(图1-1-5)，前期每行排4袋，依次重叠10层，计40袋为一堆，一般15米^{2}可堆摆1 200袋左右。摆袋时，菌袋的接种穴应朝向侧面，防止上下袋压住菌穴影响透气，造成闷种。

图1-1-5 "井"字形叠放法

（2）起架摆放养菌法　可根据架层间距离的大小，每层摆三四层袋，起架摆袋，由于室内菌袋密度大，一开始摆袋就要3袋横直交叉，以利于通气和防止堆温超标。

2. 温度调节

前1周室温应控制在27℃，使袋内培养料的温度低于室温，过7天，应把室温降至25℃左右。通常1周左右，袋内菌丝已经萌发，大量生长，产生的热量越来越大，所以发菌室温度前期控制在28℃以下，后期控制在25℃以下。若温度高于上述温度，要及时打开门窗通风。

3. 湿度调节

空气湿度控制在60%～70%，以防止杂菌污染。

4. 加强通风换气

接种后7～10天内不必通风，以后根据发菌情况逐渐延长加大通风量，并且在种穴发菌直径达8～10厘米时，可以松动菌种枝条，帮助进气，当种穴与种穴菌丝相接后可分2～3次拔掉种穴上的枝条，促菌快发。

5. 翻堆与杂菌防治问题

杂菌指生长在菌床或段木等培养料中，而不侵染食用菌菌体的菌类。

第1次翻堆于接种后7～10天内进行，以后每隔10天左右翻堆1次，并结合翻堆搞好杂菌防治工作，主要是防治木霉和链孢霉菌，尤其当发现链孢霉菌时要及时剔除隔离。

6. 暗光养菌

菌丝培养宜暗光(图 1-1-6),避免强光照射培养室,如果光线强,菌袋内壁形成雾状,表明基内水分蒸发,会使菌丝生长迟缓,后期脱袋出现脱水,而且菌袋受强光刺激,原基早现,菌丝老化,影响产量。

图 1-1-6　暗光培养室

(六)脱袋、转色

1. 脱袋管理

当菌袋在室内培养到 60 天左右,便进入野外脱袋阶段。首先应做好充分的准备工作,包括菇棚的搭建、菇床整理及塑料薄膜的购买等。脱袋要适时,如果脱袋太早,菌丝没有达到生理成熟,菌筒就不转色,即使转色,其菌膜薄,色泽浅淡"人造树皮"难以形成,香菇产量、质量都受到影响。此外过早脱袋菌筒水分散失而失水,长菇比较困难。如果脱袋太迟,菌丝老化,袋内黄水积累,会引起霉菌污染,同时会造成菌膜增厚,影响原基发育和今后长菇。适时脱袋是关系出菇产量和质量的重要环节。

(1)菇棚的选择　除提供香菇栽培以外,还要具备草帘等覆盖物来调节温度、光照和湿度。

(2)菇场的选择　香菇子实体生长的场所简称菇场。菇场条件的好坏,直接影响香菇生产的产量和质量。选择菇场要注意位置、地势、通风、水源、交通等条件。较理想的菇场应选在向阳，地势较高，排水良好，灌水方便，通风换气好又易保湿，兽、鼠、蚁、虫危害少，运输方便，便于管理的地方。

2.脱袋转色

(1)脱袋　即菌丝长透培养料后脱去薄膜，一般来说，在接种60～70天就可以脱袋。脱袋最好在气温22℃以下，无风的晴天或阴天进行，要边脱袋边排筒边盖膜。脱袋的菌筒由"裹膜"到"露体"，需要一个适应的过程，否则菌丝易受损伤。对局部被污染的菌袋，在脱袋时，只割破未污染部位的薄膜，把污染部位的薄膜留住，防止杂菌孢子蔓延。若是污染部分大，可把污染部分砍掉，把无污染的部分接起来，一般3～4天可形成菌筒。

(2)具体做法　把全部菌袋运到室外菇场内，用刀片沿着菌筒纵向把薄膜割破，剥去薄膜。把菌筒排在菌筒架上，菌筒与地面呈70°～80°，每行排7～8筒。然后覆盖薄膜，薄膜周围用泥块或石块压实，使薄膜内形成适合菌丝体迅速生长的小气候。膜内的温度控制在15～20℃，空气相对湿度85%～90%，保持5～6天。当菌筒表面长满浓密的白色菌丝时掀开薄膜以降低湿度，增加光照来控制菌丝体的生长。每天掀开薄膜1～2次。直到菌筒表面形成一层褐色的菌膜为止。

3.转色期间管理

香菇菌筒转色是香菇栽培管理工作的关键一环，转色的色泽和厚薄对香菇产量和质量有直接影响。当然转色也是香菇菌丝发育的自然生理变化，只要条件符合，时机成熟，菌筒转色便会自然发生。进入转色期的标志:菌筒表面 2/3 以上已经形成瘤状物,并且瘤状物开始由大变小,由硬变软,个别部位开始转棕色。转色温度要控制在 15～22℃为宜,低于 12℃或高于 28℃,均会造成转色困难。

菌筒转色期的常见问题:

(1)菌丝不倒伏。由于通风不好,空气相对湿度偏大,营养过于丰富,容易造成菌丝一直生长,不倒伏。此时应加大通风量,中午气温高时揭开薄膜通风 0.5～1 小时,促使菌丝倒伏。

(2)菌筒表面瘤状菌丝脱落。由于脱袋太早,或生理期未成熟,第二天菌筒表面瘤状菌丝脱落。解决办法:控制温度在 25℃以下,适当喷水与通风,菌丝会逐渐转色。

(3)菌筒脱水过多。当菌筒排场后,重量明显减轻,或是用手触摸菌筒有刺感,说明菌筒脱水较多,会造成不转色。解决办法:可加大湿度,给菇床罩上薄膜,多喷水,使空气湿度保持在 85%～95%。

(七)出菇管理

菌筒在室内完成转色过程,一般需要 60～80 天的时间,而出菇管理指菌筒转色到采收结束的管理,这期间的管理可分为催蕾、出菇、采收等。

1. 催蕾

(1)增大温差　转色后,白天把菇床的薄膜盖紧,这样膜内温度比气温高出 3～4℃。夜里揭膜降温,也可在清晨揭膜。这样温差可达 10℃左右。连续 3～5 天,可促进原基形成。

(2)调节好菇床内的温度　温度过高,要注意加强通风,特别是遇到气温高于 25℃时,菌筒容易长杂菌,要敞开菇床的两头薄膜,不必密封。

(3)防治杂菌感染　催蕾阶段,对转色不全的菌筒,因温度高、湿度大、通风不良,容易引起杂菌侵染。注意调节好温度、湿度和加大通风量,并把被杂菌污染的菌筒集中在一起,挖去杂菌部分,再用浓度为50%的多菌灵500倍液喷洒。对菌筒转色较好,但因湿度大、通气不良的菌筒表面长杂菌,可用清水冲洗,后喷0.2%的多菌灵,而后让其自然干燥。

2. 出菇

出菇阶段,空气相对湿度要保持在90%左右。水分管理,以轻喷勤喷"空气水"为原则,如天气潮湿,气温低,可少喷或不喷,转潮阶段,停止喷水几天,促进菌丝恢复生长。

具体的补水保湿方法:

(1)冬春季保温增湿方法　调节荫棚覆盖物,随着气温的改变及时增减覆盖物,尤其是在夜间则把菇床上的薄膜盖密,以减弱地面热量向外散发,从而达到保温的目的。秋冬季气温低时菇床的湿度可略大些,如果菇床湿度低于80%时就要增湿,其办法一是适当减少通气量,二是向菇床喷少量清洁的水。

(2)夏初和秋季降湿降温的管理方法　春季遇阴雨天气,一般情况下,薄膜不能盖密,菇床两头要揭膜通风。闷热天气要把菇床两边薄膜掀起,加大通风量。如果揭膜加覆盖物后，菇床温度仍过高时，则可在清晨和傍晚选用水温较低的清水喷雾，可在晴热天中午往菇场内空间和荫棚四周喷水。

(3)菌筒补水　一般在刚转好色的第一茬菇，由于菌筒缺水不很严重，这时的补水采用菌筒直接淋水即可；后几茬催菇时的补水办法，最好采用浸水为好，浸水时间，冬季等低温季节宜长，春季气温升高后的浸水时间宜短，一般12～48小时，浸水时水温较袋温稍低效果好。浸水后菌筒水分恢复原重或接近原重为好。即菌筒含水量达到55％～60％为宜。

补水的方法有打洞浸筒补水、喷雾补水、注射补水、滴灌等。

打洞浸筒补水：用刀片或铁钉在菌筒侧面打3～4排，15～20个洞，洞深1～2厘米。然后，按不同品种的菌筒排叠浸沟中，菌筒含水量较低的放在沟的底部。菌筒排满后用木板横盖住菌筒，木板上面用石头等重物压紧。然后把清水放进浸水沟，以能淹没菌筒为度。浸水的时间长短要视菌筒的含水量而定、切勿过量。菌筒浸水后，要及时检查含水量。方法是随机取出菌筒，观察菌筒中部横断面颜色是否一致。浸水后菌筒重新排在菌筒架上。待菌筒表面稍微干燥后再覆盖薄膜。2～3天后增大温差，促进第二批菇潮形成。

喷雾法补水：由于用菌草甜的香菇菌筒吸水快，因此，可用喷水法补水。水要清洁，喷水要在采菇以后进行；喷水次数视菌筒的含水量和天气来定，如果菌筒含水量较高则少喷，反之多喷。

滴灌法补水：具体做法是，在荫棚内高出地面1～1.2米处放可移动的小桶，桶底安装水龙头。水龙头上套一橡皮管，长度视菇床的长度来定。橡皮管作为主水管，纵置于菇床拱形竹片上，水管另一端套上口径为5毫米，长为1米的塑料软管，针头和塑料软管的数量为一畦菌筒数量的一半。塑料软管的一头插入预先打孔的菌筒内。然后，打开水龙头，让水自由地滴灌于菌筒内。灌好一畦后再移一畦。采用滴灌法可克服菌筒淹没在水中造成的可溶性营养物质溢出，并且易引起菌筒交叉感染杂菌的问题。

注射法补水：具体的做法是，将农用喷雾器喷头换上菌筒补水专用的4～5个喷头。每个喷头接上橡皮管，橡皮管的一端装上特制的专用注射筒。注射筒头尖，粗4毫米，长30厘米，筒四周有小的出水孔。把注射筒插入菌筒内进行灌水。此法具有滴灌和成本较低的优点。

（八）采收

香菇的采收时期是以菇盖开伞程度来掌握的，一般花菇六成开始采收，厚菇以七至八成开伞，即所谓的“铜锣边”开始采收，如遇雨天可适当提前采收。总之要赶在散粉（弹射孢子）前采收。采收时既要不留菇根，又要防带走基质的培养料，采收后以干菇形式出售的，要及时烘干。

（九）复菌期管理

香菇每采收完一茬，菌袋要休养7天，使菌丝恢复生长，使菌丝积累一定的养分，这一阶段称为间歇养菌。

养菌的方法：在原菇棚里进行，不要翻动菌袋；光线要暗，遮七八成阴。把菇棚温度提高到24～26℃，湿度保持在

75%～85%;加大通风换气,增加氧气,防止杂菌感染,一般养菌需 7～10 天,并及时补水。

(十)保鲜

鲜香菇的保鲜多采用冷库冷藏法和塑料袋包装保鲜法。

为了延长保鲜时间,常用适宜浓度的食盐水或抗坏血酸、柠檬酸等为主的食品添加剂配成的溶液进行处理然后捞起晾干。

1. 冷库冷藏保鲜

经过药剂处理的鲜香菇,晾干后移入 1～4℃的冷库中预冷,继续降温排湿,而后将经过处理的香菇进行分级包装。

一般冷藏温度控制在 0～10℃,贮藏时间为 7～20 天。在 4～5℃时可贮藏半个月左右。

2. 密封包装冷藏保鲜

鲜香菇经过精选、修整后,把菌褶朝上装入塑料袋中,于 0℃左右保藏,一般可保鲜 15 天左右。20℃以下保藏,可保鲜 5 天左右。

第二节 平 菇 生 产

一、生产操作流程

目前我国平菇栽培的方法很多,有袋栽、床栽、发酵料栽培、畦栽、菌砖等。本书主要从袋栽、床栽、发酵料栽培技术来讲解平菇的生产方法。

1. 平菇床栽技术的工艺流程

配料→菇房消毒→铺料播种→发菌→出菇期管理→采收

↓ ↑

恢复期管理

2. 平菇袋栽技术的工艺流程

调制培养料→装袋→灭菌→接菌→堆积发菌→出菇期管理→采收

↓ ↑

恢复期管理

3. 发酵料栽培平菇的工艺流程

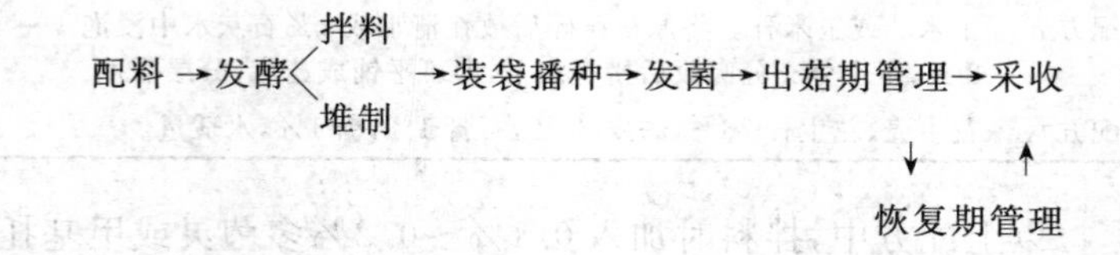

二、操作要点

(一)平菇床栽技术

1. 栽培季节

由于各地方气候不同和平菇菌丝生长的温度要求不同，各地栽培时间不同。根据我国北方气候条件，春栽可安排在4月中上旬，秋栽可安排在8月中下旬。

2. 培养料及处理

(1)培养料的选择(表1-2-1) 木屑、棉籽壳、废棉、稻草、甘蔗渣、玉米芯、玉米秸秆、花生壳、豆秆粉等原料，任用其一种,都可以栽培平菇。但要获得高产、优质的栽培效果,则应添加适量麸皮、米糠、石膏、过磷酸钙等辅料。

表 1-2-1　常用配方及其配制方法

序号	配　料
配方一	棉籽壳 99%,石灰水 1%和 1%多菌灵,与水拌均匀,使料的含水量达 65%
配方二	稻草 99%、石灰 1%。将稻草浸泡在 1%石灰水中 5～6 小时,捞出用清水冲洗后滤出多余水分即可使用
配方三	木屑 89%,石灰 1%、麦麸 10%,干料混合,加水翻拌均匀,至含水量 60%左右
配方四	玉米芯粉 78%、麦麸 20%、蔗糖 1%、石膏粉 1%,加水适量
配方五	玉米芯或玉米秆。将原料压碎后放在清水或 1%石灰水中浸泡 1～2 天,至水分充分吸收后捞起沥干,即可平铺成菇床,分层播种
配方六	花生壳、花生秆 78%,麸皮 20%,石膏 1%,糖 1%,水适量

以上配方中,拌料时加入 0.1%～0.2%多菌灵或甲基托布津,都可以防止杂菌污染,以便杀灭部分杂菌、害虫。

(2)培养料的处理　用 0.5%的石灰澄清液浸泡一夜,用清水冲洗至 pH 6.5～7;或用沸水浸泡半小时;然后加入麦皮、石膏粉等辅助料拌匀上床播种。为防止杂菌污染,可添加 1%的多菌灵或甲基托布津翻拌均匀。

3. 菇房消毒

菇房在使用前,必须进行消毒,尤其是旧菇房,更要彻底消毒,以减少杂菌污染等。消毒方法有:

(1)用硫黄熏蒸。菇房密封好后点燃硫黄,1 米^3 用硫黄 15 克左右。

(2)甲醛加高锰酸钾熏蒸。菇房(100 米^3)用甲醛 1 千克、高锰酸钾 0.5 千克,加热密闭熏蒸 24 小时。

(3)5%的石炭酸溶液喷雾消毒。

4. 铺料播种

(1)播种方法　平菇的播种方法很多,有混播、穴播、层播和覆盖式播种等。

混播:将菌种与培养料均匀地混合在一起,铺于床上。

穴播:将培养料平铺在床上,整平压实,以 6 厘米×7 厘米的距离在料面上挖穴,穴深 3.3 厘米,然后将准备好的菌块放入穴内,再用木板压平,使菌种与培养料紧贴。

层播:先在床面上铺一层培养料,大约 5 厘米厚,然后再撒一层菌种,再铺一层培养料,再在上面撒一层菌种,最后压实整平。

覆盖式播种:将床铺好后,把菌种全部铺放在料面上。

(2)播种时间　一般从 8 月末到第二年 4 月末,均可播种。不过春播要早,秋播要晚,气温掌握在 20℃以下,既适于平菇生长发育,又不利于杂菌生长。

(3)播种操作要点

①在播种前,将菌种取出,放入干净的容器内,而后用洗净的手把菌种掰成枣子大小的菌块,再播入料内。

②播种后,料面上先覆盖一层报纸,再盖上一层塑料薄膜,这样既利于保湿,也可防止杂菌污染。

5. 发菌

一般播种 1～2 天菌丝开始生长,温度适宜,经 15～20

天菌丝就能封满料面。为了防止杂菌污染，播种后10天之内，室温应控制在15℃以下，此阶段应尽量避免揭开薄膜。若温度过高，可适当掀动塑料薄膜，通风降温。10天后菌丝长满料面，此时可将室温提高到20～25℃，要加强通风和保湿，每天打开薄膜通风2次，每次30分钟。20天后菌丝长透菌料深层，当菌丝完全长成熟之后，表面有黄色黏液的水珠形成时，过几天就很快进入出菇阶段。若出现床面有黄、绿、黑等霉菌感染，可将石灰粉撒在杂菌生长处，或用0.3%多菌灵揩擦。

6. 出菇期管理

(1)温度管理　菌丝长满培养料后，室温要降到20℃以内，加大昼夜温差，刺激早出菇，多出菇。每天可在气温最低时，打开菇房门窗和塑料膜1小时，而后盖好，另外可加大料面温差，促使子实体形成。

(2)湿度管理　根据湿度进行喷水，使室内空气相对湿度调至80%以上。

晴天早晚各喷水1次，主要向空间和地面喷水。若床面出现黄水，说明菌丝即将扭结产生小菌蕾，这时可向空间喷雾，将室内空气相对湿度保持在85%左右，切勿向料面上喷水，以免影响菌蕾发育，造成幼菇死亡。同时要支起塑料薄膜，这样既通风又保湿，室内温度可保持在15～18℃。菌蕾堆形成后生长迅速，2～3天菌柄延伸，顶端有灰黑色或褐色扁圆形的原始菌盖形成时，把覆盖的薄膜掀掉，可向料面喷少量水，保持室内空气相对湿度在90%左右。一般每天喷

2～3 次,温度保持在 15℃左右切忌床面大水浇灌,造成菇蕾枯黄死亡或使培养料积水影响菌丝生长和出菇。

(3)光照管理　当播种 20～25 天后菌丝扭结,给予一定的光照刺激,此时也要加大湿度,在床面喷适量的水,加强通风,才能加快促进原基分化。

7.采收

当平菇菌盖基本展开,颜色由深灰色变为淡灰色或灰白色,孢子粉末弹射时就可采摘,采摘时一手按住草料,一手把整棵平菇摘下,要注意尽量不损伤周围小菇,采摘完一批菇后,要及时整理床面,捡去残根和死菇,并将料面整平压实,停止喷水 2～3 天,然后恢复喷水,经 7～10 天,又可长出第二批菇,一般可采 4～6 批菇,每百千克培养料产鲜菇 60～100 千克。

(二)平菇袋栽技术

1.培养料的配制(表 1-2-2)

表 1-2-2　常用配方及其配制方法

序号	配　料
配方一	杂木屑 78%、麸皮或米糠 20%、石膏粉 1%、蔗糖 1%、石膏粉或碳酸钙 1%
配方二	杂木屑 93%、麸皮或米糠 5%、尿素 0.2%～0.4%、蔗糖 1%、碳酸钙 0.4%、磷酸二氢钾 0.2%～0.4%
配方三	玉米芯 78%、麦麸 20%、糖 1%、石膏粉 1%
配方四	新鲜棉籽壳 96%、石膏粉 2%、克霉灵 50 克/50 千克(或多菌灵 0.1%)、蔗糖 1%、复合肥 1%(碳酸钙 1%)

2. 装袋接种

(1)塑料袋的规格要求　选用厚 0.03～0.04 厘米，宽 24～30 厘米的筒状塑料，截成长 40～50 厘米的双开口塑料筒。

(2)装袋接菌　拌好的培养料必须要当天装袋接种。先将塑料筒的一端扎一个用干净的旧报纸卷棉籽壳成直径 3.3 厘米、长 6.6 厘米的塞子，撒入一些菌种，再装入培养料，边装边压实。装至一半时，再撒入一层菌种，然后继续装料。装至离袋口 6.6 厘米时，再撒入一些菌种，整平压实，使菌种与料紧密接触。装至 2/3 时，套项圈，塞棉塞，扎紧袋口。靠近袋口处多撒一些菌种，使平菇优先生长，杂菌就难以滋长。

3. 堆积发菌

上堆前应将发菌场所打扫干净，按常规方法用药剂消毒，并在地面上撒一层石灰粉。而后将装好的菌袋一层层排好堆积在一起，然后按光线射入方向，将菌袋分层横向堆放，堆积层数应根据气温来确定。气温在 10℃左右时，可堆 3～4 层高；18～20℃时，堆 2 层为宜；20℃以上时，可将袋子单层平放于地面上，以防袋内料温过高而烧死菌丝。接种后 2 天料温开始上升，要注意防止料温超过 35℃，当温度升到 32℃时，及时打开门窗，向地面喷水，进行降温。若温度继续上升，可倒堆或减少层数。最好将温度控制在 24℃左右。若料温过高，应及时散堆，开门窗通风。过 15 天左右，袋内温度基本稳定后，再堆成 6～7 层或更多层。

4. 出菇期管理

当菌丝布满培养料后，经 5～10 天，在适合的环境与条件下，袋内会出现菌蕾，这时要将袋口打开，去掉塞子，外翻袋口，露出菌堆。此时室内相对湿度要保持在 85%左右，每天喷水 2～3 次，晴天多喷，阴天少喷或不喷。注意不可将水喷到料面上，以防影响菌蕾发育。另外，适当开窗通风、换气，避免温度过高、湿度过大。若二氧化碳浓度过高会造成子实体畸形生长，成为“大脚菇”。还要注意栽培场有散射光，在黑暗的环境下，菌蕾不能发育成正常的子实体。子实体发育过程中的桑葚期（当白色的原基表面出现黑灰色或淡黄色小米粒状时，此时期称为桑葚期）、珊瑚期（桑葚期的菌蕾再经过 2～3 天，就可发育成参差不齐的珊瑚状菌蕾群，此时期称为珊瑚期）不能向菇体喷水，以免造成烂菇。当菌丝达到生理成熟时，尽量造成 8～12℃温差，促进原基分化。

5. 采收

菌蕾出现之后，经过 5～10 天，菌盖边缘还稍内卷时就采收。左手按住培养料，右手捏紧菇柄采下。也可用刀子在菌柄紧贴培养料处割下，平菇无论大小全部采完。

每批菇采收后，清除菌袋表面残菇、死菇及菌柄，清理干净，以防腐烂。停止喷水 4～5 天，随后适当喷水，保持料面湿润，经 10～15 天，料面再度长出菇蕾，重复上述出菇管理办法，还可采收几次菇。

（三）平菇发酵料栽培技术

1. 栽培时间

一般在当地平均气温降到 25℃以下，便可进行栽培，即

8月下旬至第二年4月均可安排平菇的发酵料栽培。

2.培养料的配制

发酵料的配方同上，但在配制发酵料时，最好能在料中加入3%～5%的饼肥，或0.2%～0.3%的尿素，或两者同时加入。另外在拌料前可将原料暴晒2～3天，利用紫外线杀死料中杂菌。

3.拌料堆制

将主料与麸皮、石膏、石灰充分拌匀；1%多菌灵溶于水中后加入。边加水边翻拌，保持含水量60%～70%，为了使发酵均匀彻底，在拌料时加入0.1%生物发酵剂效果明显。

将培养料堆成宽1.5～2.2米、高1.2～1.5米，长不限的大堆，然后用粗木棒在料堆中央捣几个直通料底的洞，增加透气，以利于发酵，再覆盖塑料薄膜或草帘。当料堆温度升到60℃左右，维持24小时让其继续发酵。24小时后可进行第一次翻堆。翻堆宜在中午进行，动作要快、轻，原堆要从上翻下、从外翻内，尽量使料受热均匀；而后每天翻堆1次，连续翻堆3～4次，每次翻堆后盖好草帘和薄膜。每天1次，共翻3～4次。

发酵好的培养料摊开晾凉至30℃以下装袋。

4.装袋播种

用宽24～28厘米的塑料筒，截长50～55厘米，一头扎紧，先放一层菌种、再往袋中装10厘米左右料，再放一层菌种、再装料，每袋共装3层料，播4层种。而后用绳扎牢，扎口后用小钉在每层菌种处扎8～10个小孔通气，然后进培养室发菌。

5.发菌期的管理

气温高于28℃以上，菌袋单摆；气温低于28℃，横卧叠放，根据气温高低叠放2～5层，3天后，要随时检查菌袋温度，每天检查3～5次。袋表温度一旦超过28℃，就要及时翻堆、通风、减少堆放层数。一般20～35天，菌丝即可发满全袋，然后转入出菇管理。此时期一定要掌握好温度，袋内料温高是发菌失败的主要原因。

6.出菇管理

菌丝长满袋3～5天，加大菇房内的昼夜温差，增加菇房湿度；再过5～10天，当原基长出，即部分袋的料表面出现密集的黑色小点，此时要加大菇房的通风换气，保持相对湿度85%左右，促使原基尽快发齐；并用刀片在袋头划2～3道割口，促使平菇从割口处长出。随着平菇的不断长大，逐步加大菇房通气，加大湿度，喷水要少、细、勤；尽量不要把水喷到幼小菇面上。

7.采收

当菌盖充分展开，颜色由深灰色变为淡灰色或灰白色，要及时采收。

一茬菇采收结束，清除菌袋表面残菇、死菇及菌柄清理干净，以防腐烂，而后喷一遍营养素，覆塑膜养菌5～7天，现原基后揭开塑膜，正常管理。一般可收4～6茬菇。

8.保鲜

(1)鲜藏　新鲜的平菇在室温为3～5℃，空气相对湿度为 80%左右时，鲜菇可贮存 1 周。鲜菇数量不多时，可将菇完全浸于冷水中，但水必须干净卫生，水的含铁量应低于 2 毫克/升，这样平菇才不会变黑。或是将平菇放于装有少量冷水的缸内，并将缸口封严，气温即便达到 15～16℃，也可保鲜 1 周左右。

(2)冷藏　将新鲜的平菇子实体在沸水中或蒸汽中处理 4～8 分钟，放到 1%柠檬酸溶液中迅速冷却，沥干水分后用塑料袋分装好，放入冷库中贮藏，可保鲜 3～5 天。

(3)化学贮藏　可用来贮藏平菇的化学药品主要有 0.1% 的焦亚酸钠、0.6%的氯化钠、4 毫克/升的三十烷醇水溶液、50 毫克/升的青鲜素水溶液、0.05%高锰酸钾水溶液、0.1%草酸等。具体方法是：先将鲜平菇修整干净，放入药液中浸泡 1～5 分钟，捞出沥干，分装入 0.03 毫米厚的聚乙烯塑，袋中，扎紧袋口进行贮藏。

第三节　滑菇生产

一、生产操作流程

滑菇的人工栽培起源于日本，其栽培方式有段木栽培、块栽、箱栽和袋栽 4 种。

其中滑菇的熟料袋栽技术(图 1-3-1 和图 1-3-2)已成为主要栽培方式，本书主要重点介绍熟料袋栽技术，其工艺流程如下：

备料→配料→拌料→装袋→灭菌→冷却→接种→发菌→出菇管理→采收

图 1-3-1　滑菇吊袋栽培

图 1-3-2　滑菇筒式栽培

二、操作要点

(一)品种的准备

c3-1、丹滑 16、丹滑 17 等。

(二)备料

主要原料有木屑(柞木为主的硬杂木屑)、米糠或麦麸。柞木屑最好选用陈木屑,新木屑最好经过 2～3 个月的日晒雨淋,使其中的树枝、挥发油以及对菌丝有害的水溶性物质完全或部分消失才能来进行栽培滑菇。在使用前,应当先过筛,麦麸或米糠必须新鲜,无霉变,不结块。石膏粉要用无水熟石膏粉。

(三)配料(表 1-3-1)

表 1-3-1　常用配方及其配制方法

序号	配　料
配方一	木屑 85%、麦麸 14%、石膏 1%
配方二	木屑 50%、玉米芯粉 35%、麦麸 14%、石膏 1%
配方三	木屑 54%、豆秸粉 30%、麦麸 15%、石膏 1%
配方四	木屑 87%、米糠 10%、玉米粉 2%、石膏 1%
配方五	木屑 77%、麦麸 20%、石膏 2%、过磷酸钙 1%

根据滑菇喜湿的特性,以上配方中水的比例为 60%～65%,或可高达 75%,pH 自然。

(四)拌料

拌料可手工拌料也可机械拌料。首先,严格按照配方比例将各种配料准备好,先将麦麸与石膏粉干拌均匀,然后与木屑充分混拌,边混拌边加水翻倒 3～4 遍,含水量掌握在 60%～65%。拌好料堆闷 1～2 小时,使水分与料充分结合,就可以装袋了,拌好的料必须当天装完,不可以堆积过夜,否则引起培养料酸败变质。

(五)装袋

袋的规格最好选用长 35 或 38 厘米、宽 17～20 厘米、厚 0.045 毫米的优质低压聚乙烯塑料筒袋。预先将筒袋的一头用塑料绳扎牢,打上活结。

装袋有手工装袋和机械装袋两种方式,机械装袋由装袋机完成,多人配合完成,装袋效率高。装料高度以离袋口 10 厘米左右比较适宜,料要求松紧适度。人工装袋要将袋内的培养料轻轻敦实后用塑料绳将袋口轻轻扎紧，系上活扣，整个操作过程中要求轻拿轻放，避免弄破料袋。

（六）灭菌

滑菇多采用常压灭菌技术，也就是蒸汽锅炉与蒸汽仓连通的常压蒸汽灭菌系统来灭菌。将料袋一层一层堆叠，袋与袋之间留出一定的空隙，确保蒸汽过程中回流畅通，料堆边缘要求呈一定的锥度，防止坍塌。料堆堆好后，用双层薄膜覆盖好，将四周的底边用沙袋密封严实，防止漏气。

灭菌时先猛火强攻，使料堆内的温度在 4～6 小时达到 100℃，持续灭菌 12～14 小时（灭菌时间从温度达到 100℃时算起），停火闷锅 10～12 小时。注意灭菌期间中途不能停火，保持灭菌仓内温度 100℃。当料堆温度降到 60℃左右时，即时将栽培袋移到接种棚内冷却，准备接种，待培养袋冷却到 30℃以下时即可进行接种。

（七）冷却、接种

接种前，棚四周先挖好排水沟，棚内地面先撒白石灰进行消毒，铺上塑料薄膜，棚四周用遮阳网围好，棚顶盖上塑料薄膜和草帘，采用开放式接种。

接种前一天晚上，用 2％～3％来苏儿溶液喷雾消毒。接种人员用 75％酒精对手和脚进行喷雾消毒，脚上必须套上塑料袋。当料袋温度冷却到室温就可接种了。

接种前，将栽培种袋用 2％～3％的来苏儿溶液浸一下进行消毒。用粉碎机将栽培种粉碎，采取两头接种方式接种，每头接种量为 40～50 克，菌种要求尽量打满料面，袋口系上活扣,接种结束。

(八)发菌管理

(1)堆放 菌袋可按单垛或井字形进行菌墙堆叠,层数一般为7～8层,垛与垛之间留出50厘米左右的通道,方便走动和通风管理。

(2)打孔增氧 打孔增氧是发菌管理的重要部分。在摆垛结束后或发菌15天左右用专用工具打孔。在打孔前要清扫垛行,打孔工具和菌袋的两头用2%～3%来苏儿溶液喷雾消毒,打孔深度掌握在2～3厘米。

(3)光照管理 发菌期要用暗光培养,棚四周要用遮阳网遮挡,避免有直射光,以保证黑暗环境。

(4)通风管理 在摆垛7～10天内不需要通风,也不要翻动菌袋,当菌丝生长封面后,便可及时通风,逐渐加大通风量。

(5)温湿度管理 整个发菌期应掌握前高后低的原则,前期温度控制在25～28℃,后期调整为20～25℃,棚内空气相对湿度控制在45%～60%,不能超过65%。

(6)杂菌检查 滑菇菌丝布满料面后,要逐一进行杂菌检查,注意轻拿轻放,污染较轻的放到菇棚一头,较严重的进行深埋处理。

(7)后熟培养 经过50～60天,菌丝就长满菌袋,在经过15～20天的后熟培养就可以出菇。后熟培养的棚内温度控制在18～22℃,空气湿度控制在80%左右。当接种部位出现黄褐色水珠,菌皮增厚,形成厚度0.5～0.8毫米的蜡膜时,表明菌丝已经成熟。当发现有部分菌袋有小菇蕾出现时，就该及时划口开袋，准备出菇。

(8)注意事项　①适当增加菇棚内散射光线，促进蜡质层的正常形成。②夏季高温时，加强通风，同时还要给菇棚降温，经常喷水散热，防止高温导致菌丝死亡。

(九)出菇管理

(1)划口开袋　先把菇棚清扫干净，菌袋的两头用2%～3%来苏儿溶液喷雾消毒，30 分钟后就可进行划口。操作时，用小刀沿着袋子的外圈分两次划一个圆形口，划口深度一般 0.5 厘米，而后将塑料膜揭除。

(2)温度管理　一般采取白天揭草帘增温，给予7～10℃的温差刺激，促进原基形成，原基形成以后，棚内温度控制在7～18℃之间，注意温度既不能低于5℃，也不能高于20℃。

(3)湿度管理　滑菇出菇前，要求培养基的含水量不能低于70%，所以开袋后要立即喷水，一般喷5～7 天，喷水后及时通风，当菌袋表面没有积水，便可停止通风。当用手按菌袋，有水溢出时，说明含水量比较适宜，便可停止喷水。一般停水3～5 天后再喷水，从这次喷水开始，每天都要喷水，保证出菇期间培养料的含水量在75%～85%，空气相对湿度在85%～95%，不能低于80%。

(4)通风管理　菇蕾形成初期不能通风，当菇蕾直径达到 0.5 厘米的才可以适当通风。通风应注意既要保证适宜的温度又要保证适宜的湿度。湿度过大容易产生病虫害，湿度过小容易造成死菇。

(十)采收

当菌盖长至 3～5 厘米，菌膜未开，即可采收(图 1-3-3 和图 1-3-4)。每次采收后，要及时将残菇清理干净，并停止浇水，盖上薄膜，防止过分脱水，保持菌丝活力。经 5～7 天恢复生长，当培养料表面出现新的原基时，打开塑料薄膜，经过 1～2 天再浇水促进菇体生长。出菇期间，子实体需氧量增加，应定期为菇房通风换气，否则容易引起幼菇死亡和菇体畸形。滑菇要趁未开伞前采收，采收过迟，菌盖张开，变为锈褐色，则影响质量、降低商品价值。

1-3-3 菌袋上已可采收的滑菇

图 1-3-4 晾干的滑菇

(十一)保鲜

采收后的滑菇应削去菇根，留 1 厘米左右菌柄(图 1-3-5)，而后再加工。

图 1-3-5　处理滑菇菇根

1. 气调保鲜

将新鲜的滑菇封装在厚度 0.06～0.08 毫米聚乙烯塑料袋中，置 0℃低温下保藏。它能利用鲜滑菇自身的呼吸作用，吸收包装袋内的氧气，放出二氧化碳，来降低滑菇自身的呼吸作用强度，达到短期保鲜效果。

2. 辐射保鲜

将采收的未开伞的滑菇子实体装入多孔的聚乙烯塑料袋内，进行不同放射源的处理，然后在低温下保藏。辐射处理能有效地减少鲜菇变质，收到较好的保鲜效果。与低温冷藏比较，可节省能源，加工效率高，适合自动化生产。用钴 60-γ 射线处理包装好滑菇的菇袋，在 0～5℃低温下保藏滑菇，可以延长数日。

3. 化学保鲜

(1)将鲜滑菇用 100%二氧化碳处理 24 小时，再用保鲜袋分装，保鲜期可达 3 天。

(2)比久是植物生长延缓剂，以 0.001%～0.002%的水溶液浸泡鲜菇，10 分钟后捞出沥干，装于塑料袋内，在室温下(5～22℃)可保鲜 5～7 天，可防止滑菇褐变、延缓变质、保持新鲜。

第四节 榆黄蘑生产

一、生产操作流程

榆黄蘑人工栽培有生料、发酵料和熟料 3 种形式，由于其抗杂能力强，菌丝生长发育快，我国大多采用生料和发酵料栽培。

工艺流程：

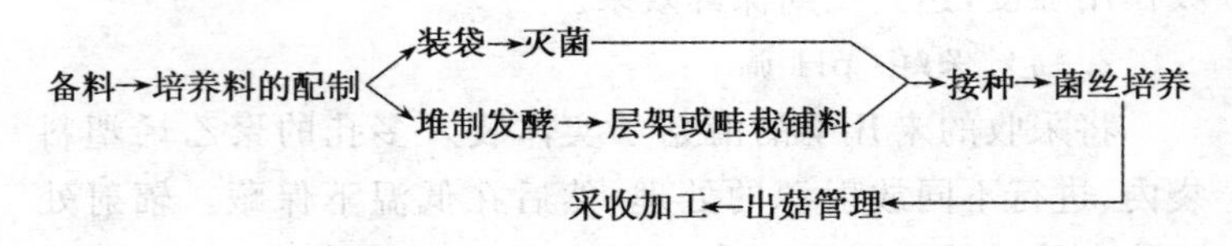

二、操作要点

(一)备料

榆黄蘑生长力强、出菇快、生长期短、产量高，可以利用原料很多，如棉籽壳、废棉、玉米芯、玉米秸、稻草、麦秸、大豆秸、木屑、花生壳、豆壳、茶渣以及栽过草菇和蘑菇的废培养料上生长发育。其中,以棉籽壳、废棉和玉米芯栽培榆黄蘑的产量较高。

(二)培养料的配方(表 1-4-1)

表 1-4-1 常用配方及其配制方法

序号	配料
配方一	棉籽壳 100 千克、石灰 2 千克,料水比 1∶(1.3～1.5);该配方可生料栽培,也可发酵料栽培
配方二	玉米芯 70 千克、麦麸 15 千克、腐熟鸡粪 15 千克、生石灰 4 千克、尿素 0.3 千克、石膏 1 千克,料水比 1∶(1.3～1.5)
配方三	棉籽皮 85%、麸皮 12%、糖 2%、石膏 1%
配方四	碎玉米芯或豆秸 80%、麸皮 10%、玉米面 9%、石膏 1%
配方五	木屑 80%、麸皮 18%、石膏 1%、糖 1%
配方六	木屑 50%、玉米芯 30%、麦麸 15%、玉米粉 4%、石膏 1%

以上配方中 pH 调到 6～7,因为 pH 是影响榆黄蘑新陈代谢的重要因素。榆黄蘑菌丝体生长的最适 pH 为 6～7。

(三)培养料的配制与栽培方法

1. 培养料的配制

根据各原料的配方将各种原料搅拌混合均匀,根据原料的性质按照 1∶(1.2～1.3)的比例加水并搅拌均匀,含水量以手握一把料,握紧,手指间见水,但不下滴为宜。堆闷 0.5～1 小时后,检测含水量和 pH。培养料配制好后,根据原料性质可进行生料直接栽培，或进行发酵处理，或熟料灭菌处理。

熟料培养要建堆，要求高1米、宽1.2～1.5米、长不限。建堆后轻轻压实料表，然后用木棒在堆上自上而下均匀地打通气孔，以避免厌氧发酵。待堆内20厘米处温度升至65℃左右时维持12小时翻堆。翻堆时，要上下、内外使培养料互换位置，翻拌均匀。第一次翻堆后，待料温再升到60℃以上时维持1～2天，再翻堆，前后共翻3～4次。当玉米芯变成深棕色、有发酵香味时，发酵结束。

2. 栽培方法

分为袋栽或床栽两种。

(1)袋栽　选用(20～22)厘米×45厘米×0.025厘米的聚乙烯塑料袋为宜，采取两头接种，并在中间按等距离撒播两层菌种，然后用针刺通气孔(图1-4-1)。

图1-4-1　吊袋栽培模式

(2)床栽　选择地势高燥、近水源场地。搭好荫棚，整理畦床，宽1～1.3米，开好排水沟。堆料前1天用1 000～1 500倍乐果乳剂或5%敌敌畏乳剂喷洒畦面及四周环境。堆料时在畦面上先铺1层5厘米厚的培养料，然后播1层菌种，依层堆料播种3～4层，并将剩余菌种撒于料面，用木板拍平，稍加压实，再用报纸盖面，薄膜覆盖床面。整个堆料厚度20厘米，每平方米用干料25千克，菌种4瓶。菌种使用量一般占培养料15%左右。

(四)灭菌

高压灭菌125℃保持2.5小时或常压灭菌100℃保持10小时，冷却到25℃在无菌条件下接入菌种。

(五)接种

当料温降到30℃左右即可接种，接种方法与常规接种方法一样。要选择优质菌种，严格控制各个环节的无菌操作程序。

(六)菌丝培养

接种后进入菌丝发育阶段。发菌场前3～4天温度应控制在23～28℃发菌，不要超过32℃，5天之后以22～26℃为适。空气相对湿度以60%～70%为好，同时要注意遮光及通风换气。棚温要控制在28℃以下，超过28℃要注意散堆降温或通风降温。发菌1周后，就可出现菌丝，一般25～30天菌丝即可长满全袋，就可以转向出菇管理。

检查菌丝萌发情况。若发现菌丝不萌发应补种；若发现少量杂菌感染，应加强发菌室通风降温，控制或抑制杂菌发展。若温度过低，还需保温、升温，保证菌丝正常生长发育。一般25～30天菌丝即可长满全袋。

在此各环节操作时一定要轻拿轻放，避免造成菌袋被扎破、摔坏。菌丝培养 7 天后，要检查菌丝萌发情况，若发现菌丝不萌发应补种；若发现少量杂菌感染，应加强发菌室通风降温，控制或抑制杂菌发展。

（七）出菇管理

菌丝长满袋后，再维持 3～7 天，即可进行出菇管理。生产中多采用菌墙出菇管理，菌墙的码垛方法与平菇相同。菌墙筑好后墙顶灌水，菇房（棚）温度保持在 15～20℃，空气湿度 85%～95%，拉大温差，注意通风换气并给予一定的散射光刺激，约 1 周后，菌蕾就会大量出现，并根据子实体生长情况，协调好通风换气。出菇期间水分蒸发快，此时应向地面、墙面喷水，空间增加喷雾 2～3 次，并注意通风，保持空气新鲜，榆黄蘑从现蕾到采收一般需 8～10 天。

出菇期管理的注意事项：①当袋内菌丝突起呈灰白色瘤状即将形成原基时。应及时打开袋口，诱导正常的原基产生。②榆黄蘑子实体颜色具鲜艳的黄色，极易吸引各种飞虫，因此应充分注意，在通风口处加封一层防虫网，以避免虫害的侵袭。

（八）采收

子实体菌盖边缘平展或呈小波浪状时即可采收（图 1-4-2）。采收前 1 天停止喷水。采收时一手摁住培养料面，另一手将子实体拧下，或用刀将子实体于菌柄基部切下即可。管理得当，可收 3～4 潮菇，一般生物学效率可达 80%左右。

播种后 35 天左右，一般达到七八成熟时就要采摘。成熟标准：子实体菌盖基本平展，色泽鲜黄，可整丛割下。管理得法，每簇一次就可收 300 克，最大的 500 克。收完头茬菇后，应清除老根及料面残留。收完 2 茬后，袋内含水量下降时，应浸水补充水分。收完 3 茬后，也可采取脱袋野外埋筒覆土，还可长 1 茬菇。上述两种栽培法，采收后均需停止喷水，生息养菌 5～6 天后再喷水增湿诱蕾。一般可采 3～4 茬，生长周期 3 个月。

图 1-4-2　菌袋上可采收的榆黄蘑

为了保证榆黄蘑的商品质量，采收前 1 天应停止喷水。每茬采收后，都要停止喷水 2～3 天，让菌丝体恢复生长，并及时清除料面菇根和病菇。

（九）保鲜

1. 冷冻法

将新鲜的黄蘑处理干净后，用食品袋密封，然后放入冷冻箱中；寒冷季节里，放在室外－5℃以下的低温环境中或冷屋中进行冷冻也可以。

2. 塑料袋密封低温贮藏法

将挑选干净的新鲜榆黄蘑用食品袋密封。每袋 500 克左右，放在低温处贮藏。温度在 1～2℃下，可贮藏 15 天；在 10～12℃下，可贮藏 7 天。

第五节 杏鲍菇生产

一、生产操作流程

杏鲍菇的栽培因所用的培养容器不同，分为瓶栽、箱栽和袋栽等方式，其中最方便和最实用的是袋式栽培（图 1-5-1）。

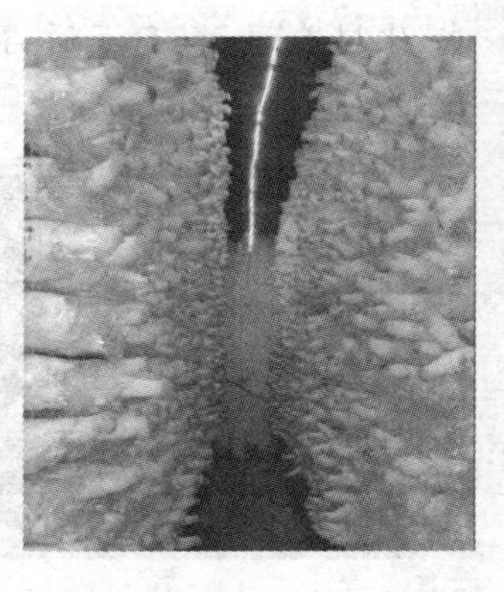

1-5-1 杏鲍菇袋式栽培模式

其袋式栽培方式的流程为：

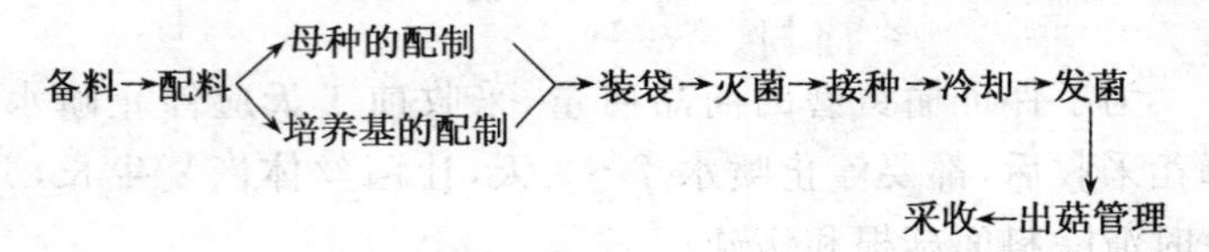

二、操作要点

（一）栽培季节

杏鲍菇从播种到出菇需 50～60 天，属中温偏低型菌类，子实体形成的适宜温度为10～18℃，因此，根据出菇的适宜温度来安排恰当的栽培期，一般是以当地气温降至18℃以下时提前50天制栽培袋为宜。

(二)备料与配料

1. 备料

杏鲍菇分解木质素和纤维素的能力较强，适合其生长的基质原料很多，如杂木屑、棉籽壳、废棉、甘蔗渣、麦秸、豆秸秆、稻草等均可作主料，为防止扎破栽培袋和便于拌料装袋(瓶)，木屑必须过筛，秸秆类必须粉碎。辅料可添加麸皮、米糠、玉米粉等。

木屑必须过筛，秸秆类必须粉碎，以免扎破栽培袋。

2. 培养料配方

母种配制：杏鲍菇在栽培前需扩繁母种，制备母种。母种常用的培养基为PDA或PSA，也可用MGYA培养基培养。原种培养基可用以棉籽皮为主料的培养基配方，按常规法制作试管斜面、接种培养，一般菌丝长满管需8～10天。

PDYA培养基：以1 000毫升为例，蛋白胨或黄豆胨1克，马铃薯300克，琼脂20克，葡萄糖20克，酵母2克。

MGYA培养基：以1 000毫升为例，蛋白胨1克，麦芽糖20克，酵母2克，琼脂20克。

栽培料配方见表1-5-1。

表 1-5-1　常见配方及其配制方法

序号	配　料
配方一	杂木屑 24%、棉籽壳 24%、豆秸粉 30%、麸皮 20%、糖 1%、碳酸钙 1%
配方二	杂木屑 31%、棉籽壳 38%、豆秸粉 15%、麸皮 9%、玉米粉 5%、糖 1%、碳酸钙 1%
配方三	杂木屑 37%、棉籽壳 37%、麸皮 24%、糖 1%、碳酸钙 1%
配方四	杂木屑 73%、麸皮 20%、玉米粉 5%、糖 1%、碳酸钙 1%
配方五	棉籽皮 82%、麸皮 10%、玉米面 4%、磷肥 2%、石灰 2%、尿素 0.2%
配方六	木屑 60%、麸皮 18%、玉米芯 20%、石膏 2%、石灰适量
配方七	棉籽皮 50%、木屑 30%、麸皮 15%、玉米面 2%、石灰 2%
配方八	木屑 27.5%、棉籽皮 37.5%、麸皮 20%、玉米面 5%、豆秆粉 10%

以上配方中，控制含水量为 60%～70%，pH 为 6.5～7.5。

(三)装袋与灭菌

1. 装袋

按比例称量配料，在拌料场将料翻拌均匀，然后将培养料装入袋内。袋的规格为 17 厘米×33 厘米×0.004 厘米，早秋栽培可选用聚丙烯袋，冬季低温期宜选用高密度低压聚乙烯袋。每袋可装干料 250～500 克，湿料 600～1 000 克。装满料后，中间打孔接种和通气的洞穴，套上环加棉塞，或折袋口、扎绳均可。

2. 灭菌

从拌料到灭菌的时间，不应超过6小时，装锅后，使锅内温度2小时上升到60℃，4小时内到达100℃，于1.5千克/米^{2}的压力下蒸汽灭菌2小时或放入常压灭菌锅内，在蒸汽温度100℃条件下保持8～10小时。

（四）接种

灭菌后，将菌袋移至接种室，冷却到30℃以下时即可接种。接种前搞好接种室内卫生，用硫黄粉10～15克/米^{3}熏蒸24小时灭菌，而后打开门窗，放出烟雾，菌袋入室。原种和接种工具应在接种前放入接种室，关好门窗，打开臭氧发生器，半小时后关闭，再过半小时后接种人员按无菌操作规程在接种箱（室）中接种，采用5人合作方式接种，1人供种，4人解袋、系袋，使1/3的菌种掉入洞穴中，2/3菌种铺于料面。接种后的菌袋放入培养室堆叠摆放成排，每排4～5层，排与排间留通道便于管理。

（五）发菌

接种后，在培养室内发菌培养，室内温度保持在20～25℃，菌袋温度控制在23～25℃，空气相对湿度70%左右，每天通风1～2次，保持空气新鲜，以利于发菌，大约30天菌丝可长满袋。菌丝开始生长时会放出热量，要倒堆和通风散热降低温度，袋温不宜高于30℃，避免温度高“烧菌”。待菌丝生长达料的1/2以上时，要适度解松袋口，增加氧气促进菌丝生长。

(六)出菇管理

(1)温度管理　出菇期菇房气温应控制在13～15℃,这样出菇快,出菇整齐,菇蕾多,15天左右可采收。再相隔15天左右就可采收第2潮菇。

(2)湿度管理　通过向地面、空中、墙壁喷水保持菇房空气相对湿度在85%～90%,喷水时,向空中喷雾状水,不能使子实体上积水过多,水量不能过大,也不能湿度太低,子实体会萎缩,原基干裂不能分化。

(3)光照管理　当经过8～15天开始形成原基,此时开袋,去掉棉花塞和套环,将袋口张开拉直。给予散射光照,保持良好的通风换气,二氧化碳浓度控制在0.2%以下。原基形成后,让其自然从袋口向外伸长,菇蕾长出较多时,及时用小刀疏蕾,削掉幼菇,只保留1～3个,保证子实体个大,整齐。

(4)空气管理　出菇期菇房内必须保持良好的通风换气条件,特别是用薄膜覆盖的,每天要揭膜通风换气1～2次,当菇蕾大量发生时,及时揭去地膜,并加大通风量。

(5)开袋时间　袋栽杏鲍菇的开袋时间,应掌握在菌丝扭结形成原基并已出现小菇蕾时开袋,解开袋口,将袋膜向外卷下折至高于料面2厘米为宜。

(七)采收

一般在现蕾后15天左右即可采收(图1-5-2和图1-5-3)。在菇盖平展、边缘内卷,未弹射孢子前及时采收。头潮菇采完后,再培养14～15天又可采第2潮菇,第2潮菇朵形较小,菇柄短,产量低。采收前1～2天,停止喷水。

图 1-5-2　出菇期的杏鲍菇

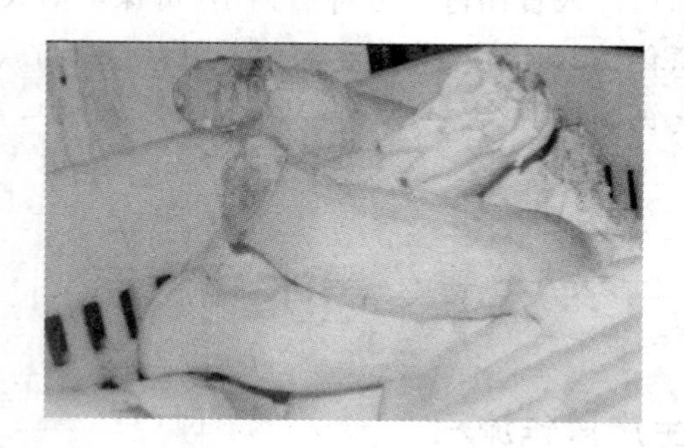

图 1-5-3　已采收的杏鲍菇

注意事项：第一茬采菇时不能留菌柄基部，以免腐烂导致污染。

（八）保鲜

1. 冷藏保鲜

将采下的鲜菇进行挑选，去除杂质。而后用脱水机或是自然晾干进行排湿，使菇体含水量达到70%～80%。排湿后，将食用菌送入冷库进行保鲜，冷库温度控制在1～4℃。当菇体温度降到1～4℃后，再进行包装，按商品级别进行包装，然后出库，用冷藏车运输。

2.化学保鲜

(1)食盐保鲜　将新采的蘑菇挑选后，浸入0.6%的食盐水中，放置10分钟，而后沥干装入塑料袋中。

(2)米汤膜保鲜　用稀米汤加入1%的纯碱或5%的小苏打，冷却后浸入食用菌5分钟后捞出，可保鲜3天。

(3)氯化钠、氯化钙混合液保鲜　用0.2%的氯化钠加0.1%氯化钙制成混合浸泡液，浸入菇体30分钟，常温下可保鲜5天。

第六节　黑木耳生产

一、生产操作流程

(一)黑木耳段木栽培流程

准备菌种→选择耳场→段木准备 —剥枝→ 人工接种 {木屑菌种 / 树枝菌种 / 契形木块菌种} →上堆定植

上堆定植 —翻堆→ 排场发菌

采收←起架管理←排场发菌

(二)黑木耳袋料栽培流程

目前我国黑木耳的袋料栽培技术主要以塑料袋栽培为主。栽培模式有露地栽培(图 1-6-1)和立体悬挂栽培(图 1-6-2)。

图 1-6-1　黑木耳露地栽培模式

图 1-6-2　黑木耳立体悬挂栽培模式

塑料袋栽培黑木耳生产的工艺流程：

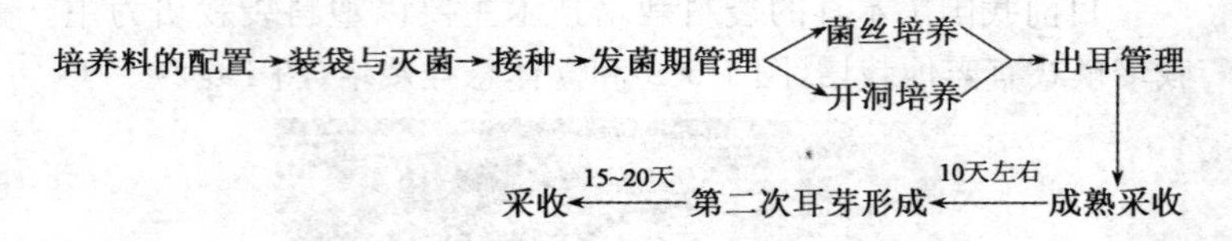

二、操作要点

(一)黑木耳段木栽培的操作要点

1. 准备菌种

菌种的选择直接影响黑木耳的栽培效益。实践证明，准备菌种既要选择适合当地品种段木栽培的优良品种，又要选择生活能力强，生产性能高的纯木耳品种。优良菌种从外观上看是菌丝粗壮、洁白、无杂菌，剖开触之富有弹性，掰开成块，未现耳芽，或只现少量耳芽的优良品种。

2. 选择耳场

要选通风、朝阳、水源充足的多雾丘陵地带，海拔 1 000 米以下，有老场种植的地方，应尽量避免与老场的风向直接对流，以减少空气中杂菌污染率。忌北风潴留、白蚁生长的地方。

要选择有水源、电源、交通便利、山脚缓坡地带，也可选择海拔在 1 000 米以下的背风向阳，光照时间长，遮阳较少，比较温暖，昼夜温差小，湿度大，而且耳木资源丰富，靠近水源的地方，场地大小根据生产规模而定。

3. 段木准备

(1)树种的选择　选择耳木应根据各地自然条件，因地制宜地合理利用森林资源，应选择既利于木耳生长，又不是重要经济林的树种，使用最广的是花栎(栓皮栎)、麻栎，辽宁地区以柞木、桦木、栎木、榆木等硬质木材为好。

(2)树径和树龄　通常栎类直径为10～14厘米，10～15年生的树木栽培木耳较适宜。

(3)砍伐　耳木在冬至和立春之间砍伐，此时树木处于休眠状态，木材中营养物质丰富，树皮和木质部结合紧密，不易脱落，而且病虫害少。

砍伐后在山场上风干15～30天，待木材发出酸味，剃去侧枝，锯成0.8～1.2米的木段。稍微偏湿点的段木有利于菌种在孔穴内定植成活。因此，在树木搬运时，尽量保持树皮完整，并在接种前10天锯断，及时在断面涂刷石灰水。

(4)干燥　将木段按直径大小分开，并把木段呈“井”字形堆叠在地势较高、干燥、通风向阳的地方，上盖树枝或草帘，让树完全干死，直到断面木质变黄白色，木段截面出现放射状裂纹、敲击时声音变脆，当风干的耳木含水量约在50%以下，这种程度可以进行接种。

4. 人工接种

(1)接种期　具体时间因各地气候条件不同而有差异，当日平均气温稳定在5℃时即可接种，辽宁东部地区适宜在3月中旬开始接种到4月下旬接种结束，适当提早接种，有利于早发菌，早出耳，产量高，同时早期接种气温低，可减少杂菌，害虫的感染。

(2)耳木接种方法　接种操作的程序为：打眼→接种→盖盖。

①接种前，先打孔，现使用的打眼工具有打眼机、电钻、打孔器和手摇电钻。打孔的深度 1.5～1.8 厘米，横向种孔间距离为 4～6 厘米，纵向孔间距离为 8～10 厘米，孔位呈“品”字形(图 1-6-3)。如适当密植，把纵向种孔间距离缩短至 6～7 厘米，有利于发菌和提高产量。

8~10厘米

4~6厘米

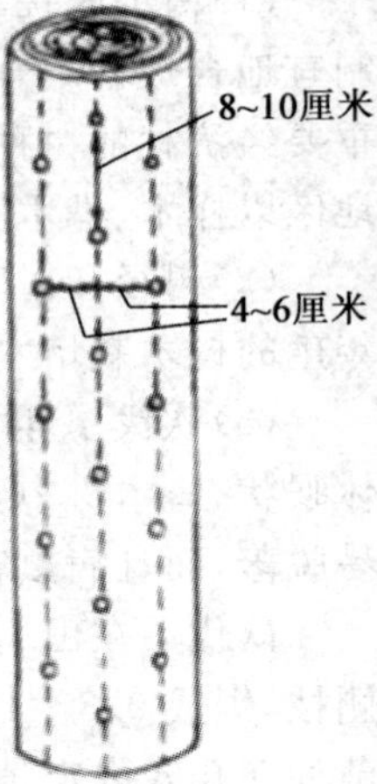

图 1-6-3　段木上接种洞的株行距

(引自汪昭月主编《食用菌科学栽培指南》，1999 年)

②人工接种常用的菌种有木屑菌种、树枝菌种和楔形木块菌种。

③木屑菌种八成满即可，外用比接种穴直径大 2 毫米的树皮盖、要平、接后穴四周涂蜡为好(但不能涂入穴内)(图 1-6-4)。接树枝菌种的，种木要与耳木平贴，不覆盖洞口(图 1-6-5)。

采用楔形木块菌种的，要用接种斧或木工凿，在段木上砍凿成 45°、2 厘米深的接种口，然后用小铁锤将楔形木块菌种打入接种口，锤紧、锤平。

(3)接种注意事项

①晴暖天接种，避免雨天接种，晴天要搭遮阳棚，在棚内接种。

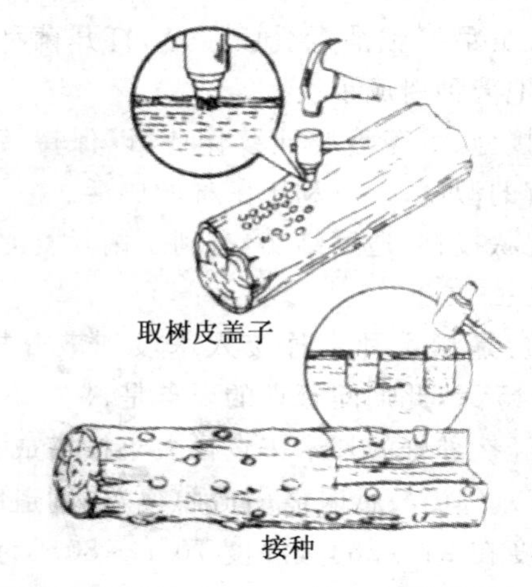

图 1-6-4　木屑菌种接种示意图

（引自汪昭月主编《食用菌科学栽培指南》，1999 年）

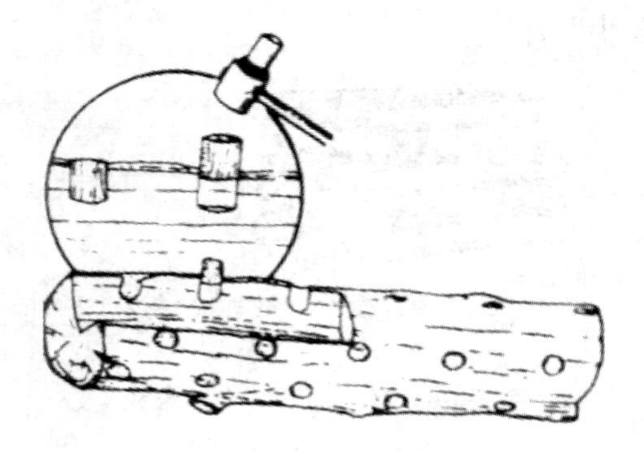

图 1-6-5　树枝菌种接种示意图

（引自汪昭月主编《食用菌科学栽培指南》，1999 年）

②接种人员最好戴消毒乳胶手套，打开菌种瓶，刮去表面老皮，用手把菌种掰成小块。

③打穴、接种、盖盖等要连续作业，以保持接种穴、菌种和树皮盖原有的湿度，才有利于菌种的成活。

④要呈块状接种，适度结实，有利于菌丝复原成活。

5. 上堆定植

上堆定植：是指木耳菌种接入木段到散开排场这一时期，需要 30～45 天，此期间管理的要点是：

(1)将已经接种好的耳木按直径大小按搭成 1 米高的井字垛(图 1-6-6)，气温较低时需用薄膜覆盖，创造暖湿小气候(堆内保持温度在 24～28℃，湿度 70％～80％为宜)。如用草帘覆盖的，可以不用另行通风；而用塑料薄膜覆盖的耳木堆，一般上堆后 7 天左右，每天中午气温高时把四角卷起或揭开 1～2 小时。

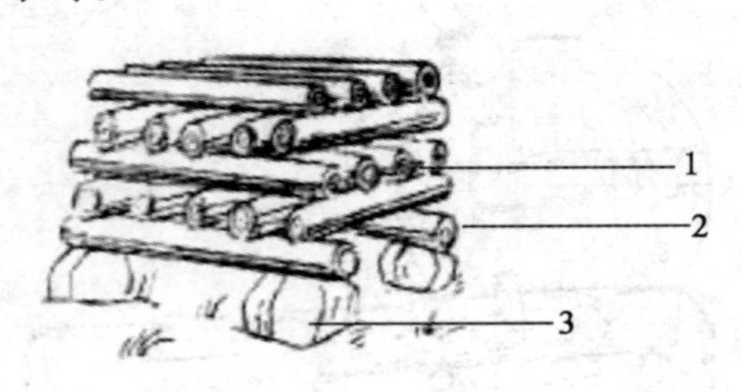

图 1-6-6　耳木的“井”字形堆积

1. 耳木　2. 石块　3. 枕木

(引自汪昭月主编《食用菌科学栽培指南》，1999 年)

(2)上堆后,每隔 7～10 天要翻垛 1 次,上下内外调换,使堆的各部分段木温湿度一致。

(3)水分调节,如果耳木干燥,可在耳场地面洒些水,或者直接往垛上喷适量雾状水,宜早晚进行,待树皮稍干后,再覆盖塑料薄膜,促进菌丝生长。

(4)注意事项

①要边接种、边上堆、边覆膜,以保持菌种的水分和温度。

②在接种 20 天左右,普遍检查 1 次成活率,要检查菌丝生长情况。具体做法:取下枝条菌种和盖在菌种穴上的树皮,若表面生了白色菌膜,表明接种成活。若穴中出现黄色干燥松散的锯屑菌种,或黑色有黏性的锯屑,应重新补接。若穴内出现黄、红、绿、褐色,是杂菌污染,个别用 75%的酒精消毒。普遍污染的,弃之不用。

6. 排场发菌

上堆 30～45 天,段木上有少量耳芽出现,就要散堆排场。

(1)排场　具体做法是用直径 10～15 厘米的圆木作枕木,把耳木一头搭在枕木上,另一头着地,两耳木之间间隔在 5 厘米以上,顺着山坡依次摆放,每排之间距离在 30～40 厘米(图 1-6-7)。

(2)翻堆　排场后每隔 7 天应翻 1 次段,具体做法是:把耳木朝上的一面转到下面,靠地的一面转到上面,每半月结合翻段把耳木上下调头 1 次。

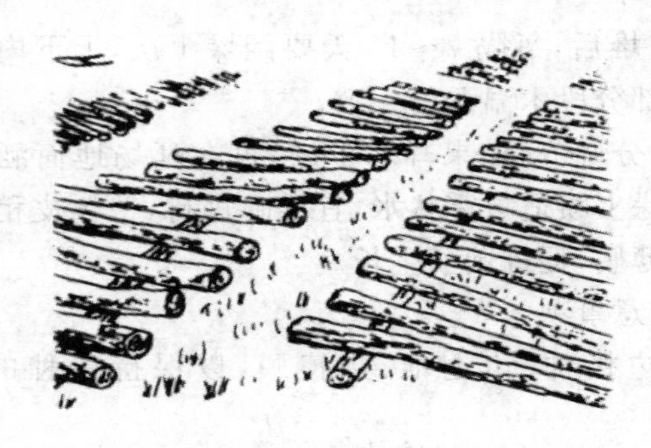

图 1-6-7 排场方法

(引自汪昭月主编《食用菌科学栽培指南》,1999 年)

(3)喷水　排场期间,依靠自然降雨和草地表面潮湿的空气,就能满足耳木菌丝生长的需要,若 7 天以上天晴无雨,则应浇水保湿,可连续 4～5 天在早晚给耳木喷水,使耳木充分湿润,然后停水 5～6 天。

7. 起架管理

当耳木上生出较多耳芽时,把耳木立起,称为起架。

(1)起架前要检查菌丝体的蔓延情况,确定是否能起架。检查方法:把耳木锯断,从横断面看菌丝是否长入中心;或是用刀劈开,从纵切面观察两穴之间的菌丝是否连接,若两穴之间菌丝相连接,才发好菌,便可起架。

(2)起架应选择雨后初晴的天气,将排场的耳木进行逐根检查,凡有一半耳芽长出的耳木即可捡出上架。起架方法:用 4 根 1.5 米长的木杆,交叉绑成“X”字形,上面架一根横木，然后把捡出的耳木交错斜靠在横木上，构成“人”字形的耳架，耳架高度为 30～50 厘米，角度为 30°～45°，两根耳木之间留 4～7 厘米间距（图 1-6-8）。

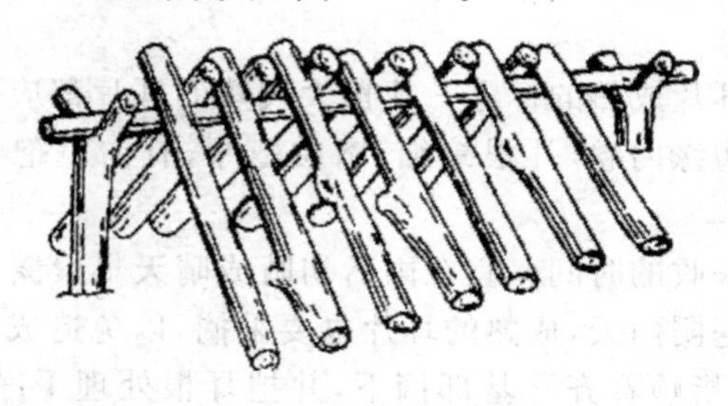

图 1-6-8　“人”字形耳架

（引自汪昭月主编《食用菌科学栽培指南》，1999 年）

（3）起架后，水分管理最为重要，此期需要干湿交替的外界环境。一般来说，自然界的条件往往不能满足，因此需要喷水。一般晴天每天喷浇 1～2 次水，阴雨天少喷或不喷，天热应早、晚喷水。采用干干湿湿交替的方法进行喷水，有利于子实体的形成和长大。

（4）注意事项

①检查时耳木上耳芽已很多，但菌丝仅长在穴的周围，不能急于起架，要继续排场，让菌丝向纵深发展。

②喷水时最好喷雾状水，要喷全喷足，次数根据天气灵活掌握。

③上架时，在阳光强烈的地方应搭遮阳棚，做到“七分阳、三分阴”，利于生产色深肉厚的木耳。

8. 采收

条件适宜时，耳芽经过 7～10 天就可达到商品成熟。采收时，把耳木上下调头，并停止浇水，一般每隔半个月可采收一茬木耳。

(1)耳片成熟的标志　凡长大成熟的耳片都应采收。耳片舒展，边缘内卷，耳根缩细，肉质肥厚，有白色孢子附着在耳片上。

(2)采收的时间　宜在雨后初晴或晴天早晨露水未干时采收，如遇阴雨天，成熟的耳片也要采摘，以免造成烂耳。采收时用手指顺着齐耳基部摘下，并把耳根处理干净，以免撕破耳片。

(二)黑木耳代料栽培的操作要点

1. 代料栽培的常用配方(表 1-6-1)

表 1-6-1　常见配方及其配制方法

序号	配　料
配方一	木屑 78%、米糠 20%、石膏 1%、糖 1%，加水混合即可
配方二	木屑 70%、棉籽壳 10%、麦麸 18%、白糖 1%、石膏粉 1%，加水混合即可
配方三	玉米芯 73%、蔗糖 1%、麸皮 5%、石膏粉 1%、棉籽壳 20%，加水混合即可
配方四	棉籽壳 97%、磷肥 1%、石膏粉 1.5%、石灰粉 0.3%，加水混合即可
配方五	豆秸 88%、蔗糖 1%、麦麸 10%、石膏 1%

其中木屑多用榆树、白桦树、白杨树和柳树等树木的锯末木屑。

配料含水量要达到60%左右。配料过程中，操作要快，一般拌料应在2小时之内完成，拌料力求均匀，混匀拌料可使菌丝生长整齐。酸碱度应达到pH 7～7.5，偏高或偏低时可用石膏白灰水进行调节。配完以后，抓取一把配料使劲握紧，在指缝间有少量的水分渗出；伸开手掌要成团，料掉到地面能散开即可。

2.装袋与灭菌

(1)装袋　黑木耳装袋主要选用聚丙乙烯的材料，规格为17厘米×(28～33)厘米的专用菌袋。装袋前先将袋底的两个角向内塞，装入培养料的高度为18～20厘米，压平表面。有条件的可用装袋机进行装袋，一般每袋装干料0.5千克，装袋时中间打一个20厘米的透气孔套上特质的颈圈，塞上棉塞，以保证氧气的供给，手工装袋时要边装边压料使料装紧压实，上下松紧度一致。然后用纱布擦去沾在袋壁上的培养料，袋口加上塑料颈圈，把袋口向下翻，用橡皮筋或绳子扎紧，再塞上棉塞并罩上牛皮纸(图1-6-9)，灭菌。

图1-6-9　装好培养料的塑料袋

(引自汪昭月主编《食用菌科学栽培指南》,1999年)

(2)灭菌　灭菌的方法多采用常压蒸汽灭菌，灭菌前要将菌袋放入铁制的筐内，避免菌袋挤压(图 1-6-10)。灭菌时可选用常压灭菌箱灭菌，温度为 108～130℃之间，持续灭菌 8 小时，灭菌时间要从菌袋内温度达到 100℃时计算，满 8 小时后，关掉灭菌箱，再闷 3～4 小时，待冷却后在取出(图 1-6-11)。

图 1-6-10　灭菌前已放入菌筐的菌袋

图 1-6-11　已放入灭菌箱内的菌袋

3.接种

对经过灭菌后的菌袋,待袋温冷却至30℃以下即可在接种箱内进行接种。接种前要彻底打扫接种室,并用甲醛熏0.5～1小时,使接种室保持无菌的状态,而后,可用镊子等将瓶内菌种弄碎,然后将原种瓶口对准袋口,将菌种均匀地撒在袋料表面,使袋内料面形成一薄层菌种,再扎好袋口。每袋接种量为5～10克,然后按原样套上塑料紧扣,操作的时候动作要快速,以减少操作过程中杂菌污染的机会。工作人员要严格实施无菌操作。

4.发菌管理

发菌室里面要搭建培养架(图1-6-12),培养架宽1.2～1.5米,长度不限。层数一般安装6～7层,层间距35厘米左右。往架上放置菌袋时,不能放置过多,最好为5～8层,堆放过高,菌袋温度升高,会造成烧菌现象。

发菌管理主要是指菌丝的培养,在温度、湿度和光照三个方面加以管理。

根据木耳菌丝生长对温度的要求,可分为三个不同的阶段。

发菌前期:(接种后15天内)培养室的温度应保持在20～22℃,使刚接种的菌丝慢慢地恢复生长。空气相对湿度应控制在55%～65%之间,若湿度过低,可以向地面喷水,过高可以适当通风。前期不需要光照,要求暗光培育。

发菌中期:(接种15～40天)木耳菌丝生长已占优势,将

图 1-6-12 菌室的菌袋培养

温度升高到25℃左右提高发菌速度。空气相对湿度依然控制在55％～65％之间，为了保持上、中、下架的温度一样，可以安装风扇，保持空气流通，以确保空气内温度一致。光照同样采取暗光培养，并保持每天早晚2次通风，每次通风20分钟。

发菌后期：（培养将要结束的前10天内）把温度升至18～22℃，后期菌丝在较低的温度下，营养吸收充分生长的比较健壮，此法培养的菌袋出耳早、产量高、抗病力强。在菌丝长满菌袋后，还要培养20～40天，空气相对湿度保持在60％左右，采用暗光培育。

操作要点：①根据木耳菌丝生长，温度要掌握好两低一高的原则。②由于袋内培养料的温度往往比室温高 2～3℃，因此，培养室内的温度不要超过 25℃。③培养室内要求空气流通，每天开门窗通风 10～20 分钟，后期要增加通风的时间和次数。将接种后的塑料袋应放在清洁卫生、干燥、通风条件好的场地。室内温度应在 22～25℃之间。

5. 开洞培养

在菌丝长满菌袋后，要进行开洞培养。选择阴凉天气，将塑料袋移至栽培室，室温控制在 15～20℃。去掉封口棉塞及塑料环，将上面多余的塑料剪去。而后，在塑料袋周围均匀开洞，每两个洞之间为 5～6 厘米，洞的直径为 1 厘米左右(图 1-6-13)。开洞时，避免损伤菌丝。开洞后，在塑料袋上加盖薄膜，增加喷雾次数，且不能直接喷在袋上，以免袋口和菌丝失水。

图 1-6-13　打孔后出耳的菌袋

经过 45～50 天的培养菌丝，菌丝长满菌袋后，先不要急于催耳，再继续培养 10～15 天使菌丝充分吃料集聚营养物质提高抗霉抗病能力，然后可移入栽培场进行出耳管理。

6. 出耳管理

(1)温度管理　出耳适宜温度为 10～21℃，当温度高于

28℃时容易流耳、烂耳。此时，可通过喷水保持耳片湿润，以抵御高温。在耳棒生长旺盛期间，需要大量氧气，要加强通风增氧；若氧气不足，菌丝长势衰弱，已形成的原基就难长大。经过10～15天，耳片平展，子实体成熟即可采收。

(2)湿度管理　水分管理要采取"干干湿湿"原则，根据天气情况喷水，看朵形适度喷水。出幼耳期应少喷轻喷，耳芽长大成熟时，喷水量相应增大，阴雨天和后期可以少喷或不喷水，并加强光照，以防湿度过大，造成烂耳。

在采完第1批木耳后，应清除残留耳根，停止喷水，进行"休息养菌"，积累营养，以利基内菌丝恢复生长。还要注意通风并保持环境清洁，每3～5天用1%～2%煤酚皂溶液喷雾进行地面消毒。若袋内局部有杂菌出现，应立即挖除，并涂浓石灰水，以防蔓延。采收后，1周以后可再次形成耳芽。

养菌时间一般7～10天，为下批木耳生长提供养分。第二、三批用相同的办法进行管理。采两批木耳，菌棒换头一次，使两头出耳均匀。

(3)光照管理　木耳在出耳阶段需要有足够的散射光和直射光，使耳片变黑，变厚，品质好。在春季为了防止木耳水分蒸发过快，通常盖上一层遮阳网(图1-6-14)。

(4)通风换气　黑木耳是一种气性真菌，注意通风，不仅有利于出耳和耳片生长，而且也防止杂菌(图1-6-15)的有效措施。

图 1-6-14　出耳期搭建的遮阳网

图 1-6-15　被杂菌污染的菌袋

7. 采收

当耳片八九分熟时即可采摘(图 1-6-16),采收前 2～3 天要停止喷水,采收半干耳,易于晾干。超过成熟期采摘,易造成烂耳,并对以后几潮木耳的产量和质量有直接影响。

图 1-6-16 可采收的木耳

采收下来的木耳,用清水洗净泥沙杂质,然后在烈日下晒干,若遇阴雨则应及时烘干。烘晒时应单层摊放,互不重叠以免粘连。未干之前不宜翻动,以免耳片卷成拳耳,影响产品质量。

8.保鲜

木耳的耳片含水量较高,处于高温下造成烂耳,所以采收前应停止喷水 3～5 天,采收后及时清除根蒂和培养基,清水漂洗,置通风塑料筐内进 1～5℃冷库贮藏,保存期 10～15 天。库内保持相对空气湿度 85%。

第二章　山野菜生产

第一节　桔梗生产

一、生产流程

选地→整地→繁殖→田间管理→病虫害防治→采收加工

二、栽培技术

(一)品种类型

桔梗属仅有桔梗一种,但在种内出现不同花色的分化类型,主要有紫色、白色、黄色等,另有早花、秋花、大花、球花等,也有高秆、矮生,还有半重瓣、重瓣。其中白花类型常作蔬菜用,入药者则以紫花类型为主,其他多为观赏品种。

(二)选地整地

选背风向阳、土壤深厚、疏松肥沃、有机质含量丰富、湿润而排水良好的沙质壤土为好,桔梗是深根性植物,应选土层深厚土壤种植。从长江流域到华北、东北均可栽培。前茬作物以豆科、禾本科作物为宜。黏性土壤、低洼盐碱地,排涝不便的地块不宜种植。适宜 pH 6～7.5。

桔梗一般采用春翻地,也可以秋翻地熟化土壤。耕翻深度25~30厘米。亩施腐熟农家肥2 000~3 500千克、草木灰150千克、二铵15~20千克、过磷酸钙30千克,拣净石块,除净草根等杂物。犁耙1次,整平做畦或起垄。畦高15~20厘米,宽1~1.4米。土壤干旱时,先向畦内浇水,待水渗下,表土稍松散时再播种。

(三)繁殖

桔梗的繁殖方法有种子繁殖、根茎或芦头繁殖等,生产中以种子繁殖为主,其他方法很少应用。种子繁殖在生产上有直播和育苗移栽两种方式,因直播产量高于移栽,分杈少,且根直,便于刮皮加工,质量好,生产上多用此方法。

春播、夏播、秋播或冬播均可。秋播当年出苗,生长期长,产量和质量高于春播,秋播于10月上旬以前。冬播于10月末土壤封冻前播种。春播一般在3月下旬至4月中旬,华北及东北地区在4月上旬至5月下旬。夏播于6月上旬小麦收割完之后,夏播种子易出苗。

播前,种子可用温水浸泡24小时,或用0.3%~0.6%的高锰酸钾浸种12~24小时,取出冲洗去药液,洗净后晾干播种,可提高发芽率。也可温水浸泡24小时后,用湿布包上,上面用湿麻袋片盖好放置高温的地方进行催芽,每天早晚各用温水淋浇1次,3~5天后种子萌动,即可播种。

1.直播

种子直播有条播和撒播两种方式。生产上多采用条播。条播按沟心距15~25厘米,沟深3~5厘米,条幅10~15厘米开沟，将种子均匀撒播于沟内，或者用草木灰拌种撒于沟内，播后覆盖细土，以不见种子为度，0.5～1.5 厘米厚。条播每亩用种 0.5～1.5 千克。撒播将种子拌草木灰均匀撒于畦面，撒细土覆盖，以不见种子为度。撒播用种 1.5～2.5 千克。亩保苗数 16 万株。播后在畦面上盖稻草保温保湿，干旱时要浇水保湿。春季早播的可以采取覆盖地膜措施。

2. 育苗移栽

育苗方法和直播相同。一般育苗 1 年后，在当年茎叶枯萎后至次春萌芽前出苗圃定植。将种根小心挖出，不要损伤根系，以免分杈，按大、中、小分级栽植。按行距 20～25 厘米、沟深 20 厘米开沟，株距 5～7 厘米，将根部垂直舒展地栽入沟内，覆土略高于根头，稍压即可，浇足定根水。

3. 根茎或芦头栽种

繁殖可春栽或秋栽，以秋栽较好。在收获桔梗时，选择发育较好、无病虫害的植株，从芦头以下 1 厘米处切下芦头，用细火土灰拌一下，即可进行栽种。

(四)田间管理

1. 苗期管理

桔梗出苗后，应及时撤去盖草。苗齐后，应及时松土除草。苗高 4 厘米左右及时间苗、定苗。如果缺苗，宜在阴雨天补苗。补苗和间苗可同时进行，可带土移栽。苗高 8 厘米左右时定苗，按株距 5～10 厘米留壮苗 1 株，拔除弱苗、病苗、小苗。若苗情太差，可结合追肥进行浇水，保持土壤湿润。夏播主要问题是幼苗怕晒，应采取遮阳措施。可用遮阳网或支棚搭架。苗高 1.5 厘米时，适时撤去遮盖物，一般下午 4 时后进行，避免幼苗经不住日晒而大量死亡。

2. 除草

桔梗生长过程中，杂草较多。从出苗开始，应勤除草松土，苗小时人工拔除杂草，以免伤害小苗，同时应结合除草间苗。定植以后适时中耕除草。松土宜浅，以免伤根。植株长大封垄后不宜再进行中耕除草。

桔梗前期生长缓慢，应采取化学除草。当地温回升到 18～20℃时，杂草开始萌发，这时选用芽前除草剂，每亩用 20％敌草铵 250～300 毫升，兑水量 40～60 千克，喷雾，干旱时每亩用水加大到 100 千克，可把杂草杀死在地面以下，一般有效防治期为 50～60 天。

桔梗中期化学除草选用芽后选择性除草剂，防治桔梗田间单子叶杂草，如精草克能、功克、盖草能等，可严格参照除草剂说明书使用，双子叶杂草以人工拔除为主。桔梗未出苗前，如杂草种类多，草龄大可选用灭生性除草剂，如草甘霖、农旺等，应注意喷药后 2 天内不要下雨，以免除草剂入地下，产生药害，影响正在发芽的桔梗种子。

3. 追肥

桔梗一般进行 4～5 次追肥。齐苗后追施 1 次，每亩人畜粪水 2 000 千克，以促进壮苗；6 月中旬每亩追施人畜粪水 2 000 千克及过磷酸钙 50 千克；8 月再追 1 次；入冬植株枯萎后，结合清沟培土，施草木灰或厩肥 2 000 千克及过磷酸钙 50 千克。第二年春齐苗后，施 1 次人畜粪水，以加速返青，促进生长。适当施用氮肥，以农家肥和磷肥、钾肥为主，对培育粗壮茎秆，防止倒伏，促进根的生长非常有利。2年生桔梗，植株较高，容易倒伏。如果植株徒长可喷施矮壮素或多效唑以抑制增高，使植株增粗，减少倒伏。

4. 排灌水

若干旱，适当浇水；多雨季节，及时排水，防止发生根腐病而烂根。

5. 花期管理

桔梗花期长达3个月，会消耗大量养分，影响根部生长。除留种田外，其余需要及时打顶、除去花蕾，以提高根的产量和质量。既可以人工摘除花蕾，也可以化学除蕾。生产上多采用人工摘除花蕾，但是，花期长达3个月，在摘除花蕾以后又迅速萌发出侧枝，会形成新的花蕾。因此，10多天就要摘1次，整个花期需摘6次，费工费时，而且易损伤枝叶，效果差。近年来，生产上开始采用乙烯利除花。具体方法是在盛花期用0.05%的乙烯利喷洒花朵，以花朵沾满药液为度，每亩用药液80～100千克，此法效率高，成本低，增产45%，省工省时，使用安全。

6. 除芽苗

桔梗以根少杈、顺直为佳。直播法相对分杈少一些，适当增加植株密度也可以减少分杈。桔梗第2年易出现一株多苗，影响根的生长，而且易生杈根。因此，春季返青时要把多余的芽苗除掉，保持一株一苗，可减少杈根。

三、病虫害防治

1. 病害

桔梗病害主要有枯萎病、轮纹病、根腐病、斑枯病、炭疽病、紫纹羽病、根结线虫病、立枯病、疫病等。

(1)轮纹病　分生孢子器埋于叶或者茎上，形成明显的病斑。6 月开始发病，7—8 月份发病严重，受害叶片病斑近圆形，直径 5～10 毫米，褐色，具同心轮纹，上生小黑点。严重时叶片由下而上枯萎。高温多湿易发此病。

防治方法：冬季注意清园，枯枝、病叶及杂草集中处理。发病季节，加强田间排水。发病初期用 1∶1∶100 波尔多液、或 65％代森锌 600 倍液、或 50％多菌灵可湿性粉剂 1 000 倍液、或 50％甲基托布津的 1 000 倍液等喷洒。

(2)斑枯病　为害叶部，受害叶两面有病斑，圆形或近圆形，直径 2～5 毫米，白色，常被叶脉限制，上生小黑点。严重时，病斑会合，叶片枯死。发生时间和防治方法同轮纹病。

(3)紫纹羽病　为害根部。一般 7 月开始发病，先由须根开始，再延至主根；病部初呈黄白色，可看到白色菌索，后变为紫褐色，病根由外向内腐烂，外表菌索交织成菌丝膜，破裂时流出糜渣。根部腐烂后仅剩空壳，地上病株自下而上逐渐发黄枯萎，最后死亡。湿度大时易发生。

防治方法：实行轮作和消毒，以控制蔓延；多施基肥，增强抗病力；每亩施用石灰粉 100 千克，可减轻危害；注意排水；发现病株及时清除，并用 50%多菌灵可湿性粉剂 1 000 倍液或 50%甲基托布津的 1 000 倍液等喷洒 2～3 次进行防治。

2. 虫害

为害桔梗的虫害主要有蚜虫、网目拟地甲、华北大黑鳃金龟、暗黑鳃金龟、朱砂叶螨、吹绵蚧、地老虎、红蜘蛛等。

(1)蚜虫　在桔梗嫩叶、新梢上吸取汁液，导致植株萎缩，生长不良。4—8 月份为害。

(2)地老虎　从地面咬断幼苗，或咬食未出土的幼芽。1 年发生 4 代。

(3)红蜘蛛　以成虫、若虫群集于叶背吸食汁液，危害叶片和嫩梢，使叶片变黄，甚至脱落；花果受害造成萎缩干瘪。红蜘蛛蔓延迅速，危害严重，以秋季天旱时为甚。

以上虫害可按相应常规方法防治。

四、采收与加工

种植后在第 2 年秋季采收种子后收割地上部分，采收时可用铁锹、铁叉收获，也可以用犁收获；注意不要伤根，辽宁地区的桔梗应以 2 年生为宜，一般可亩产干品 300 千克、鲜品 1 200 千克。

第二节 短梗刺五加生产

一、生产流程

种子采集→层积处理→播种育苗→整地→田间管理→病虫害防治→采收加工

二、栽培技术

(一)种子育苗

1. 种子的采集、调制

短梗刺五加果实8月下旬开始成熟，在9月上旬分别采集短梗刺五加的成熟果实。采收的球果应立即放在器皿中揉搓，用清水多次清洗，漂净果肉、果皮、瘪种及杂质，将沉于容器底部的种子捞起，沥干水分，置于背阴通风处阴干，不得暴晒或加热烘干。

2. 层积处理

于11月下旬或12月上旬(播种前17周)用适温清水浸种96小时，每天换水，再用低浓度的赤毒素液浸泡1天后捞出，混3倍细河沙拌匀。先进行层积处理2个月后将种子取出，置温棚中处理3～5天，当有30％的种子裂口吐白时即可进行播种。

3. 播种育苗

采用扦插及分株和种子繁殖均可。

（1）扦插繁殖　短梗刺五加一般采用硬枝扦插。

具体做法：用休眠越冬枝条扦插，选择2～3年以上的生枝做插条，在秋季树林停止生长后或春季树木萌动前剪取，严格挑选芽苞健壮的枝条，剪取的插条长度在15～20厘米，距上端剪口2厘米处留1～2片绿叶。将插条下端浸泡于浓度为100毫克/千克的生根粉溶液中，深度为插条长度的1/3没入溶液中，浸泡时间为3～4小时。扦插时按适宜株行距将插条插入土中，管理时需要覆盖地膜和遮阳网。

（2）分株繁殖　短梗刺五加每年在母株周围能分蘖出1～3个幼苗，幼苗经过一年生长逐渐形成独立根系，春季将幼苗从母根分离后进行定植。

（3）种子繁殖　一般在9月中下旬种子全部成熟。采摘成熟变黑的果实，在水中浸泡24小时，搓掉果皮，漂出种子，新鲜种子直接用3倍量的湿沙混拌均匀进行层积处理，放在花盆或木箱中，在20℃左右温度下催芽。每隔7～10天翻动1次，3个月左右，当种子有50%左右裂口时，放在3℃以下低温贮藏，等待播种。播种的方式：条播，苗床上开沟2～3厘米，沟距5厘米，种子混拌细沙或细土，将种子均匀播入沟内，上面覆盖细土，厚度在0.5～1厘米，压平，盖一层稻草或复地膜；撒播，将种子均匀地撒在床面上；穴播，将种子按适宜株行距播在穴坑中，每穴2～3粒种子，播后覆土，一般2厘米左右。

整地：短梗刺五加播种地要施足基肥，结合翻地每公顷施用腐熟厩肥80米^3。要求床土细碎，床面平整。在做好的苗床上按行距20厘米开宽5厘米的沟,沟深3厘米,播种后覆土1～2厘米然后镇压。有条件的应覆盖草帘或复地膜,并适量浇水,以保持床面湿润。

播种时间:在4月下旬至5月上旬播种。短梗刺五加虽然比较耐寒,但在抚顺东部地区5月上旬有时会出现霜冻,幼苗出土时易遭晚霜冻害,因此出苗后应防晚霜避免冻害。

播种量:根据种子质量而定,一般短梗刺五加种子成熟度较低,高的只有50%左右,播种时应根据种子的成熟度优劣确定。一般要求每平方米出苗150～200株,即每沟有40～50粒优质种子即可。

(二)田间管理

1. 苗期管理

在短梗刺五加幼苗出齐后,长出3片真叶时可结合除草松土进行间苗,每平方米留苗100～150株。应视土壤墒情状况及时浇水。短梗刺五加抗病虫性较强,播种的幼苗很少发生病虫害。

2. 栽植

在春季发芽前(5月份),按50厘米×100厘米的株行距,直接栽于造林地中。栽植后的每株短梗刺五加可发出多个萌芽,不要摘掉萌芽,可任其生长。在秋季进行修剪时,每株保留5个左右的萌条为宜。

短梗刺五加虽较耐阴,但幼苗时需要充足的阳光。要及时对林地进行抚育,割除影响短梗刺五加生长的杂草、藤、小灌木。

三、病虫害防治

1. 化学防治

4 月下旬和 7 月上旬是五加肖个木虱成虫活动盛期，可用 1.2％苦参碱烟碱乳油 1 000 倍液、20％强龙 400 倍液、18％阿维·毒乳油 1 000 倍液等喷雾防治。7 月中旬可用 25％灭幼脲三号乳油 1 200 倍液等防治食叶害虫，7～10 天 1 次，连续使用 2 次，防治蚜虫用 40％乐果 2 000 倍液喷 2～3 次。

2. 农业防治

秋季落叶后及时清理田园，将病株带出田外处理。早春结合整枝剪除带有卵、蛹、成虫的小枝，可减少虫源。

3. 人工除虫

5 月底 6 月初，摘除叶片上五加肖个木虱的瘿瘤；7 月下旬黄刺蛾幼虫孵化后摘除带虫叶片，杀灭群居幼虫，防效可达 80％。蝼蛄、蛴螬、地老虎可采用黑光灯诱杀。

4. 幼苗期防治猝倒病

用多菌灵 1 000 倍液喷洒苗床多次，效果较好。

四、采收与加工

短梗刺五加幼苗定植以后，萌条长至 50 厘米时可根据市场的需要及行情，进行摘叶加工绿色蔬菜或炒制成茶叶销售，秋季落叶后可将剪除的茎干加工销售。

市场根皮价格行情好时，可根据植株丛大小，采取侧面刨开法：将较大丛的 2/3 的根、小丛的 1/2 的根刨出，取根后，要回填腐殖土，埋严踏实，让保留的部分根系继续生长萌发。

在土壤肥沃的地块，短梗刺五加茎秆的价格较高时可全部剪除，不仅增加收入，而且能促进新萌发的枝条长势旺盛。

第三节　刺嫩芽生产

一、生产流程

（一）露地栽培生产流程

1. 林下、坡地栽培生产流程

选地→整地→栽植苗木→人工管护→收获→采收加工

2. 耕地栽培（扦插法）生产流程

种根采集及处理→整地、施肥→种根栽植→栽后管理→土壤的消毒、更新与轮作→病虫害防治→采收加工

（二）温室栽培生产流程

1. 木段扦插法生产流程

选定基质→制作畦床→茎段剪取→喷洒药剂→扣棚→管理→病虫害防治→采收加工

2. 清水栽培法生产流程

水槽准备→茎秆的剪取→茎秆的装填→喷洒药剂→扣棚→管理→病虫害防治→采收加工

二、栽培技术

刺嫩芽人工栽培大致上分为露地栽培和反季栽培两大类，露地栽培即可在每年春季自然采收刺嫩芽销售，也可为反季生产提供茎秆；反季栽培可在春节前后上市销售，提高产品受益。

（一）露地栽培

1. 林下、荒坡栽培

（1）选地、整地　选择人工林或天然林的空地作为栽培场地，用工具将地上的杂草和灌木丛清除干净。

（2）栽植苗木　挖直径 30 厘米、深 30 厘米的栽植坑，将实生苗或栽培的木质化苗放入坑中，按三埋二踩一提苗的操作要求栽植苗木。

注意事项：取苗时注意不要伤到苗木的根系，随起随栽，防止根系风干造成根系死亡。

（3）人工管护　定时清理苗木周围的杂草和灌木丛等植物，减少争夺养分，给刺嫩芽足够的生长空间。3 年后，经清除植株上的细弱枝，每簇留 3～4 根枝条即可。

（4）收获　待刺嫩芽长到 10 厘米时即可采收。

2. 耕地栽培(扦插法)

(1)种根的采集和处理

①种根采集　采集种根时应注意原始种根是否有病害，其次要选择茎表皮光滑、刺少、茎粗壮、芽苞饱满肥大的优良品种进行挖掘。3 月下旬至 4 月上旬对种根进行挖掘，采挖时应小心不要对种根造成伤害，否则容易引起菌类病害。

②茎的调制　选择直径 1 厘米左右的茎作为扦插茎，用工具将茎斜切成长度为 10 厘米的茎段，切割时每节一侧带一芽苞、切角为 45°。

③种根处理　用雷多米尔锰锌 200 倍液和赤霉素 2 万倍液混合浸泡茎段，时间大约为 30 分钟，捞出后需立即栽植或进行催芽处理。

④催芽　将茎段平铺埋在细沙或木屑中，厚度约为 18 厘米，期间要经常翻动防止热伤，同时注意保持温度，温度控制在 20℃，大约 20 天后种根开始露芽，先露芽的种根即可进行栽植，其余种根随长随栽。

(2)整地与施肥

①整地　选取肥力较好，土层深厚，较疏松排水良好的缓坡地和平地作为栽培地，忌黏重、涝洼、排水不畅的土壤。平地应在地块周围提前挖好排水沟，方便排水防渍，采用旋耕的方式对土壤进行松翻，改善土壤的通透性提高排水力，除去地块里的石头等杂质，种根繁育应做宽床，床宽 1.4～1.5 米，床高 15～20 厘米，易出现内涝的地块，做床时可适当提升高度。

②施肥　种根种植前可随翻地施入有机农家肥 2 000～2 500 千克，每亩再施入含氮、磷、钾的基肥，其中含纯氮 3.5 千克、含纯磷 9 千克、含纯钾 7 千克，磷酸二铵 30 千克，磷酸钾镁 7 千克。

(3)种根栽植

①栽植时间　辽宁地区一般在 4 月中上旬栽植适宜。

②摆根育苗　采用平摆的方式按行距 1.8 米、株距 0.6 米育苗，每亩可栽 700 株，为了提高育苗数量也可适当密植。摆放后需覆土，覆土厚度 6 厘米并且压实，之后在表面加盖一层覆盖物，如稻草、松叶等防止水分蒸发影响发芽。

(4)栽后管理

①第一年的管理　本阶段注意保证土壤水分充足，由于植株刚出苗，根系发育尚不发达，如遇春季久旱无雨，应及时浇水。同时，雨季到来时要挖好排水沟，保证排水通畅，防止内涝。

另一个主要任务是去除杂草，由于栽植密度不大用锄头人工除草即可，除草中注意不要伤到植株根系，以免立枯疫病等病菌从伤口入侵。

②第二年的管理　第二年刺嫩芽的根系发育良好，不用浇水也能保证生长需要。第二年刺嫩芽长势良好，杂草不会对它造成威胁，因此可不用除草。二年刺嫩芽开始分杈，要进行整枝处理。每个穴能长出 2 根健康新枝，可全部在冬天收割，收割时每根枝条基部留 2 个发芽苞，第三年时，每穴即可发出 4 根长势良好的枝条，除此之外，在茎的基部其他部

位还会发出新枝,此时要将发育较差、细而柔软的枝条除去,以免影响良好枝的生长发育。

(5)土壤的消毒、更新与轮作

①消毒　为防治立枯病等病害的发生,可用敌克松药液对土壤进行全面消毒。

②更新与轮作

更新:植株生长5年老化后,可于春季植株萌发前于用铁锹在刺嫩芽主干的四周垂直切下,将地下根系全部切断,地下断根会重新萌发,形成新的根株。

轮作:轮作的前一年春季在种植地内选取无病株,收集到足够量的无病优良种根,将这些种根在另一块种田内重新栽植,形成新的刺嫩芽林。

(二)温室栽培

栽培设施:温室栽培即为反季促成栽培,农户生产普遍在日光温室或日光大棚内进行。

茎秆贮藏:冬季贮藏茎秆时如果有雪最好将茎秆埋在雪下贮藏,无雪的情况下要用稻草或玉米秸秆将茎秆覆盖,并且要浇透水,保证茎秆体内的养分和水分不流失。切忌将茎秆直接存放在露天,否则会造成芽孢干瘪,影响来年生产。

栽培时间:预计上市前40～45天开始栽培刺嫩芽(刺嫩芽的生长周期为40～45天),刺嫩芽春节期间销售价格高,以此为时间依据选定栽培时间。

1. 木段扦插法

(1)选定基质、制作畦床　温室内做畦床,床高1.2米,深 12 厘米，畦床间步道宽 30 厘米，然后用 12 厘米高的木板将畦床围上，在床内放入基质前，要在床底铺上一层农膜，并扎稀松眼儿，之后放入约 8 厘米厚的基质，通常采用三种材料作为基质，分别为木屑、珍珠岩、石棉。木屑含水量高，扦插容易，有一定的保温作用；珍珠岩扦插容易，不含菌，可反复利用，但含水性较差；石棉含水多，不含菌，但扦插费力。

注意事项：农膜上扎眼儿密度要适当，并且要扎透农膜，使水能够渗入到土壤中，又不会过快渗光，以 3 天渗完为宜。

(2)茎段剪取　用果树剪刀或菜刀等工具将直径为 2～2.5 厘米的茎切成长为 10 厘米的茎段，保证茎段每侧各有一个芽苞，操作时从茎上 1 厘米处呈 45°角沿背面向下切。

注意事项：切割时一定要呈 45°角，使剪取的茎段两条皆是斜茬，这样做有 3 个作用：①扦插时密度高，上端的斜面之间会形成较大的空隙，芽发出后有足够的空间生长。②斜面上不易残留水珠，减少染病概率。③斜面扦插省力。要边切边扦插，否则茎段容易散失水分影响扦插成活率。

(3)茎段扦插　每平方米扦插茎段 800～1 000 根，扦插深度为 5～7 厘米，扦插时侧芽要朝向一侧，斜面朝向一边，扦插结束后浇一遍水。

(4)喷洒药剂　扦插结束后用喷雾器喷洒多菌灵 500 倍液和赤霉素 2 万倍液进行药剂处理，2 种药剂可混合在一起使用，药剂直接喷洒在苗上，喷过一遍后可再重复一次。

注意事项：进行药剂处理是必不可少的一步，刺嫩芽容易受到病菌的侵害，不喷洒多菌灵，扦插 1 周后茎段上就会长出大量霉菌使其死亡；赤霉素可以打破芽的休眠，保证芽菜能够及时上市销售。

(5)扣棚　在苗床上插竹弓、扣棚，将农膜直接扣在棚上，两侧不用压土，棚上还应加盖可以遮光的东西，如黑布、遮阳网等，以提高产量和质量，采收前3～4天撤去即可。

(6)管理

①湿度管理　每3天注入新水1次，保持棚内温度在100%，生长期要适当晾床，傍晚温室盖草帘时可晾床2小时。

②温度管理　注意防寒，可采用覆盖草帘等方式。床内夜间温度保持在10℃，最低不可低于5℃，白天床内温度保持在20～25℃最佳，不可高于25℃，如阳光充足温度过高则应马上通风，否则容易软腐病和黑霉病。

③施肥　发芽10天后向叶面喷洒磷酸二氢钾、喷施宝等液体化肥和植物生长调节剂，同时混合施用500倍液多菌灵1次，时间可在中午，揭开农膜待叶片晾干后喷洒。

2.清水栽培法

(1)水槽准备　采用地面挖槽法，在温室内挖宽1.2米、深20厘米的槽，水槽间步道宽30厘米，沿后墙的步道宽为70厘米，前底角留出50厘米，然后沿着前底角挖一条排水沟，沟深要略低于水槽底部，水槽要向排水沟一侧略倾斜，靠近排水沟一端预留出排水口，方便将旧水排出。在水槽上铺设厚农膜，农膜搭在木框的边沿上，然后在农膜上面平铺一层旧的农膜或者旧编织物等，防止茎段将农膜扎破渗水。

(2)茎秆的调制　将直径1.5厘米以上的茎用工具切成30厘米长的茎秆,50根捆成一捆,最好用茎条在茎秆的下端15厘米处捆扎。

(3)茎秆的装填　把捆扎好的茎秆头朝上依次放入水槽中,用手将茎秆的上部扒开,使茎捆头部呈松散状态。装填完毕后立即向槽内灌入清水,水深8～10厘米。

注意事项:灌水时不要加入其他营养液,茎秆里的营养物质足够供给芽的生长,加入营养液后往往采用死水管理,会引起刺嫩芽软腐病、灰霉病的发生。

(4)喷药　灌水后立即喷药、扣棚,喷药操作同刺嫩芽扦插栽培法,仍旧喷洒多菌灵和赤霉素。

(5)扣棚　扣小拱棚,茎秆普遍长30厘米,芽长10厘米,棚高50厘米较为适宜。

(6)管理　幼芽未发出前5天换1次水,发出后3天换1次水,换水时打开排水孔将旧水排空后再注入新水,此时水位保持在8～10厘米,发芽10天后茎秆下部容易腐败,此时水位可提高至15～20厘米。温度控制与叶面施肥同刺嫩芽扦插栽培法。

三、病虫害防治

(一)立枯病

1. 病状

发病初期生长点停止生长,数日内植株快速枯萎、死亡,地下根部表皮组织呈水渍状,并呈现淡褐色至黑色的软化腐烂状。

2.病源及发病规律

立枯病多由立枯丝核菌引起，在进行栽植、施肥、锄草时对植株根系造成伤害，使病菌从伤口侵入后发病；或者是由于土壤温度过大，特别是雨季来临时，田间积水，病菌随水四处流动，比根部表皮侵入引起发病，此种情况容易使整块栽植地发生病害。

3.防治措施

(1)如采用实生苗木定植，则用 200 倍液的雷多米尔锰锌蘸根移栽；若采用扦插的方式，则将种根在 200 倍液的雷多米尔锰锌溶液内浸泡 30 分钟，再进行扦插。

(2)选地时应选择土质疏松、排水良好的地块，做好排水沟，防止田内积水；在进行栽植、施肥、锄草时注意小心操作，避免伤到植株根系。

(3)雨季时，用 65%敌克松每平方米 2 克兑土撒施，如已发病，可用 65%代森锌 500 倍液，或 50%甲基托布津 800 倍液进行茎叶喷洒。

(二)灰霉病、软腐病

1.病状

温室栽培中易发生这 2 种病害。灰霉病使茎秆切面呈灰白色，水渍状，组织软化至腐烂，高湿时茎秆及芽表面生有灰霉，最后病秆腐烂枯萎病死。软腐病发病时茎秆呈浸润半透明状，芽由内向外腐烂，有臭味。

2. 病源及发病规律

灰霉病是真菌性病害，由灰葡萄孢菌侵染所致；软腐病是细菌性病害，由欧氏杆菌属的细菌引起。高温高湿条件下容易诱发这 2 种病，植株发病后，会向四周蔓延，如果情况严重有可能导致绝收。

3. 防治措施

(1)生产初期，茎秆扦插或填装后用多菌灵 500 倍液对整个床进行喷洒，芽长至 5 厘米时再用多菌灵 500 倍液配合磷酸二氢钾喷洒 1 次。

(2)生长期注意控温，采用揭帘晾芽的方式，将温度控制在 20℃，同时要注意换水，保持水质清洁。

(3)一旦发现病株要立即清除，灰霉病采用速克灵或扑海因 1 500 倍液进行防治，软腐病用农用链霉素 5 000 倍液或代森铵 600～800 液进行防治。

(4)收获时注意不要伤到达不到采收标准的芽，将已采收的茎秆从床上取出。

(三)疮痂病

1. 病状

茎秆受害部位会出现水渍状圆形小斑点，后变成蜡花色。病斑随叶片生长而变大，逐渐木质化。向叶片一面隆起呈圆锥状疮痂，另一面则向内凹陷，病斑多的叶片扭曲畸形，严重的引起落叶，最后病斑生长会融合到一起，形成病斑群。

2. 病源及发病规律

疮痂病由半知菌亚门的一种真菌引起，该菌可在前一年的染病枝或染病秆上越冬，春季雨水来临温度达到15℃以上时，病菌产生孢子，随多种介质传播，温度为16～23℃时该病易发生，因此春天和晚秋为高发期，夏天温度高时不易发病。

3. 防治措施

(1)入冬前清理地块，除去染病枝和落叶，并用石硫合剂20倍液整株喷洒。

(2)在初春时喷洒百菌清可湿性粉剂500倍液，或用退菌特可湿性粉剂500倍液进行防治。晚秋时如果已发生病害，可喷施甲基托布津可湿性粉剂600～800倍液进行防治。

(四)蚜虫

露地栽培时幼芽表面容易被蚜虫侵害，使芽的表面变黑，用杀虫剂涂抹茎尖就可以起到防治的作用。

四、采收与加工

1. 采收

芽长到10厘米即可采收，用剪刀等工具在芽的基部和木质部连接处切下，整齐地堆放在容器中，同时要注意不要碰伤未达到采收标准的芽，以免造成病菌感染。收获应将能够采收的茎秆连芽带秆一起选出进行采收，不能采收的重新50根一捆进行捆扎，这样可以避免大面积发生病害。

2. 加工

刺嫩芽的加工普遍采用速冻刺嫩芽、刺嫩芽保健饮料、制作刺嫩芽罐头3种方式。

第四节　蕨菜生产

一、生产流程

1. 露地栽培生产流程

选地→整地施肥→栽植方法→田间管理→病虫害防治→采收加工

2. 反季栽培生产流程

挖掘种根→栽植方法→栽后管理→病虫害防治→采收加工

二、栽培技术

(一)蕨菜的繁殖

蕨菜有2种繁殖方式,即无性繁殖(分株繁殖)和有性繁殖(孢子繁殖),生产上多采用分株繁殖的方法。

1. 分株繁殖

蕨菜的分株繁殖是利用蕨菜的根状茎、直立根状茎或匍匐茎的一部分来进行繁殖,从而长成一颗新的植株,从茎上分割出的部分要带有生长点,这样能提高分株繁殖的成功率。

(1)根茎的采集时间　可在秋季叶枯后、上冻前和春季冻层融化、萌芽前采集。相对于秋季采集,春季采集稍有困难,这是因为冬季冰雪多,蕨菜的地上部分会因此枯萎倒伏,春天进行采集不易辨认,所以秋季采集更为方便。

(2)根茎的规格及贮藏　采集时要注意以下几点:①采集时要选择粗壮一些的根茎采挖。②根茎要挖得尽量长,同时不要伤到芽。③采集回来的根茎既要防止冻害也要避免其受热腐烂,因此要将根茎假植在土壤里,假植时选择田间背风处、深度约 20 厘米。

(3)根茎的培养　野生的蕨菜植株较瘦弱,在分株繁殖成功后必须进行培肥,以达到增产的目的,培养方式详见施肥与田间管理。

2. 孢子繁殖

(1)孢子的采集和处理　夏末秋初,用干净的剪刀将带孢子的叶片剪下,叶片的选择以孢子囊群未开裂且颜色呈棕褐色为标准,将采集好的叶片放入纸袋中风干备用。翌年 2 月份用 300 毫克/升的赤霉素浸泡 15 分钟促进孢子萌发。

(2)选择培养基　选择草炭土、腐殖土或泥炭和河沙混合土作为基质,都较为适宜。

(3)孢子播种　播种前一天将准备好的基质培养容器喷水或放在浅水不使其充分湿润,将处理后的孢子均匀的撒播在基质上,盖上盖子,浸泡在浅水中,第二天取出进行培养。

(4)孢子培养　将培养容器置于温床上(有条件的情况下应使用培养箱)培养,每天光照 4 小时,将温度控制在 25℃,湿度 80%以上,约 1 个月后孢子可萌发,长成配子体。此时保持 1 周,每天喷雾 2 次,使精子和卵结合形成胚,1 周后胚发育长成孢子体小植株。

(5)孢子体的移栽　当孢子体长出 3～4 片叶时,可进行第一次移栽，基质不变，10 天左右以后可移栽到室外苗床上，小苗长大后再定植于露地。

(二)露地栽培

1. 选地

根据蕨菜的生物特性，应选择富含有机质、保水保肥好的地块进行栽培，并且附近要有水源。

2. 整地与施肥

采用旋耕的方式进行整地。首先，每亩土地表面施腐熟鸡粪 700 千克，优质农家肥 2 000 千克，氮、磷、钾含量各为 15％的硫酸钾复合肥 55 千克。

蕨菜喜微酸性土壤，当土壤酸碱度超过 7 时，则不利于蕨菜的生长，将 pH 控制在 5.5～6 是较为适宜的，因此可以整地时加入适量的泥炭土来调节土壤的酸碱度。

3. 栽植方法

目前蕨菜普遍采用分株繁殖的方式。一般来说，选择早春时节进行蕨菜栽植，选择采集的健壮株进行分株栽植，栽植前搂沟，垄距以 60～80 厘米为宜。将根茎纵向摆放在沟内，根据所采挖的根的质量，摆放方式不同，生长点多的可正常摆放为一列；生长点少的老根，可叠加摆在一起，以加大根量。

在摆根前可用赤霉素 2 万倍液对根茎进行喷雾，以达到促使栽植根能够快速发芽、生长的目的，摆根后应立即覆土 10～15 厘米，将土压实，并浇一次透水。覆土后还可在土上加盖一层稻草，这样可以防止干燥及抑制杂草生长。

孢子培育的苗长至10～15厘米时，带土坨移植到田地内，每平方米可摆放10株，株行距30厘米，移栽时定植穴直径为18～20厘米、深13～15厘米，移栽后覆土10～15厘米，并浇一次透水，然后再覆土。

4.田间管理

(1)第一年的管理　栽植后第一年主要是养根、促使蕨菜生长，因此第一年长出的蕨菜不可采收。夏季到秋季是蕨菜的主要生长季节，此时植株通过叶片的光合作用产生有机物，将养分贮藏在地下茎内，所以应精细管理，尽可能地促使其旺盛生长。

①田间除草　移栽时由于覆盖稻草，起到了抑制杂草生长的作用，因此植株生长初期杂草不会大量生长。但蕨菜发芽后，此时要除去覆盖在上面的稻草，杂草也会快速生长，并且杂草的生长速度要快于蕨菜，人工除草是非常必要的。蕨菜是采用条形栽植，第一年时蕨菜的根系还没有向外生长扩展，因此可用工具如锄头等将行间的杂草除去，株间杂草用手拔掉。

盛夏以前除草次数大约为2次，盛夏后，蕨菜此时长势良好，占据了大部分田地，杂草的生长受到抑制，在8月中旬拔除地面的大草就可以保证蕨菜正常生长。

除人工除草外，还可以通过使用除草剂达到除草的目的，摆根覆土后，用施扑田对土壤进行全面喷雾，同样可以收到良好的除草效果。

②水肥管理　水肥管理根据植株生长和天气状况而定，

如果天气干旱，雨水较少，则应人工用高压泵浇水，水量和次数根据具体情况而定；如果雨水过多，造成内涝，则应挖沟排水。

前期整地时已经施肥，基本可满足蕨菜第一年生长的需要，但如果土壤较贫瘠或者其他因素致使植株生长不旺盛，夏季株高不没膝，则应追肥促进植株生长，每亩施复合肥10～15 千克，可分 2 次追施。

③其他注意事项　由于第一年的蕨菜不会进行采收，因此深秋时节，地上部茎叶完全枯萎、干燥后，用火进行焚烧处理，或者来年春天萌芽前把茎叶烧掉，这样做不仅可以增加土壤中速效钾的含量，还可以地下部根茎早日萌发，从而增加产量、提高经济效益。

(2)第二年的管理

①田间除草　在使用施扑田封闭除草的基础上，长出的杂草只能人工用手拔除，杂草过多无法用手完全清除干净的情况下，用镰刀将地面的杂草割去，不能用锄头，蕨菜生长的第二年，其地下根茎基本贯穿地面，用锄头铲会伤害植株根部，影响蕨菜的生长。

②水肥管理　第二年可用与第一年相同的肥料，施用时间应在早春萌芽前进行施肥，根据植株的生长情况确定施肥量，如果第一年蕨菜长势良好，第二年就可少施，将几种肥料混合后施入行间，然后铁耙搂入 3 厘米的土中，进入夏季后，植株生长旺盛，基本不用进行施肥。

早春时节，如遇干旱情况，可间歇性浇水，促使蕨菜萌发、生长。

③其他注意事项　在植株长势良好的情况下，第二年可以开始采收，但是不可采收过多，此时的蕨菜虽然已经可以采摘，但是并没有完全成园，仍需要通过茎叶制造养分向根茎输送。此时，采收期可持续1～1.5个月，采收时，不可挨株采摘，应采几株留一株隔株采摘，采收期过后进行养根培肥。

(3)3年以后的管理

①田间除草、水肥管理　3年后田间除草与水肥管理同以往相同，不会有太大变化。但是，由于种植年数的增加，土壤会有板结的情况发生，会降低蕨菜的产量，因此可多施一些有机肥来改善土壤的物理性状，保证产量和经济效益。

②注意事项　地块种植10年以后，蕨菜的根茎向土壤深处生长，出现根茎老化现象，产量逐渐减少，此时应更换栽植地。换地时，只需挖取原地块中少面积的根茎就可满足栽植的需要，在新地块重新进行养根培肥、生产，旧地块内剩余的蕨菜仍可以继续栽植1～2年进行采收后再废弃，地块废弃后将根茎挖出移栽到其他新地块。

(三)反季栽培

蕨菜露地栽培的采收期基本与野生的相同，因此种植的蕨菜销售时价位不高，利用温室大棚在冬季栽培蕨菜进行销售，会提高经济收益。反季栽培需要大量的根茎，所以进行反季栽培前要进行露地栽培，只有经过2年以上的露地栽培的根茎才能够供温室栽培所用。

1. 挖掘种根

(1)挖掘时间　秋天蕨菜地上部分枯萎后，植株的营养成分已完全集中在其根茎部，这时正适合种根的挖掘，在土壤上冻前挖掘较为合适。

(2)种根的挖掘及调制　挖掘时注意保持根的长度，尽量不要伤到根系，更不要碰伤芽孢，起根后运温室旁，同时挖坑用土进行覆盖，保证根的成活，12 月上旬将根茎移栽到日光温室内，栽培前用赤霉素 2 万倍液对根茎进行喷雾处理，保证芽正常萌发、出芽整齐。

2. 栽植方法

(1)电热温床法　首先，在日光温室内做床，床宽 1.5 米左右，床长根据温室大小而定，床深 40 厘米，在床的四周要安装保温板或者薄木板，这样可以防止蕨菜在生长时根茎向外扩散。在床底部铺 10 厘米厚的稻草，上面覆土 5 厘米，然后以每平方米 60 瓦安装电热线，电热线上再覆土 5 厘米，就可以进行栽植了。

栽培前事前配制好营养土，每平方米用优质农家肥 10 千克，氮、磷、钾复合肥 150 克，再加入一定量的泥炭土一起调制。一般情况下每平米铺根 60 克以上、厚度 20 厘米，铺根时可铺一层根覆一层土，使营养土与根茎充分地混合在一起，在最后一层根上要覆土 5 厘米，最后铺上 3 厘米厚的覆盖物，如稻草等。

栽植结束后浇一遍透水，同时在床上用黑色农膜做小拱棚，以达到保温保湿的效果，如果没有黑色农膜，只有透明农膜，棚上应加盖遮阳网，这样可以避免阳光照射，不会发生叶片早展、老化的现象。

(2)普通温床法　床的制作方式及栽植方法与电热温床法相同，只是不在床底加设电热线，采用此种方法要注意保证温室必须保温，温度过低时也要采取其他措施增加温度。

3.栽后管理

(1)出芽前的管理　采用电热温床栽培，栽植完毕后立即通电，通电后容易出现缺水的现象，要注意及时给水。出芽前可不加盖棚膜和遮阳网，地温要保持在10℃以上，这样才能保证根茎正常出芽，普遍情况下20天即可出芽。

(2)出芽后的管理　出芽后就要搭棚扣膜及遮阳网，此时的温度白天要控制在25℃左右，晚间室内温度不可低于10℃，白天阳光充足时电热温床可不通电，晚上给电加温。

植株生长过程中不可直接浇冷水，这样会降低土壤温度，浇水时也要注意勤浇、少浇。此时黑色农膜不可摘除，不致出现过早展叶的现象，影响产品质量。

(3)收获后的管理　栽植30～35天蕨菜即可达到采收标准，采收时选择生长良好的植株，高20厘米以上并且茎秆粗壮，之后根据蕨菜的生长状况平均每4天左右采摘1次，对不达标的植株不要进行采摘，采收期可持续2个月以上。

采收期结束后，拆掉拱棚，加强水肥管理，5月份拆除温室棚膜，此时，植株进入正常生长状态。由于一冬的生产，蕨菜地下部根茎营养不够充足，所以应追肥养根、培肥，促使其生长发育，可追施优质农家肥和鸡粪，施于床面厚度3厘米左右。

冬季扣棚前，将地上部干枯叶清理干净，然后扣上棚膜，继续生产，管理方法同上一年。

三、病虫害防治

蕨菜抗逆性较强，很少发生病虫害，偶有病虫害发生时可根据具体情况防治。

四、采收与加工

（一）采收

（1）采收时间　露地栽培采收期为4～6月，1年可采收3～5次。

温室栽培采收期为栽植后30～35天，根据蕨菜生长情况平均4天左右采收1次。

（2）采收标准　当植株20厘米以上时，叶柄粗壮、幼嫩，小叶尚未完全展开时即可采收。

（3）采收方法　用手将蕨菜一根根折下，位置要尽量贴近地面，随后轻轻地整齐地摆放在铺有青草的筐内，装满后上面再覆盖一层青草，防止日晒使蕨菜失水变老。

（4）包装与贮藏　将采收的蕨菜按颜色、长度、质量分类捆把，每把直径6厘米左右，重量0.5千克。

（二）加工

除鲜品销售外，蕨菜还可采用干制和腌渍2种方式。

第五节 大叶芹生产

一、生产流程

1. 露地栽培生产流程

种子采收→种子处理→选地整地→施肥→播种→苗期管理→移栽与管理→病虫害防治→采收加工

2. 温室栽培生产流程

种苗、种根的准备→整地施肥→移栽→田间管理→养根培肥→病虫害防治→采收加工

3. 林下栽培生产流程

选地→整地→打垄做床→移栽→田间管理→病虫害防治→采收加工

二、栽培技术

(一)露地栽培

大叶芹露地栽培(田间栽培)有种子繁殖和根茎繁殖2种,目前多以种子繁殖为主。

1. 种子的采收

8月中旬种皮开始变色并且可以看到内部的黑色种子,8月中下旬种皮变为黄色后即可采种,采种时选择成熟度较

高的优质良种，采收回来的种子，应放置在通风良好的阴凉处晾干，种子储存时应注意干湿度，以防止霉变。

2. 种子的处理

12 月初，当温度下降到－15℃以下时，把种子浸泡在清水中 1 天后做低温积层沙藏处理，具体方法如下：将泡好的种子与含水量为 60％～65％的细沙以 1∶5 的比例混合拌匀后进行冷藏，用该方法打破种子的休眠。翌年 4 月将混拌的种子取出放置在温度为 10～20℃的条件下进行催芽，当出芽率达到 60％的时候即可播种。

3. 选地、整地与施肥

(1)选地与整地　大叶芹为林下阴性植物，适合在土层较深、腐殖质丰富、含水量高但不会积水的园田栽培（pH 5.0～7.0）。不宜选择土壤渗透性、排水不通畅的地点，在积水的情况下容易发生多种病害。

在选择好所需用地后，要全面细致的进行整地，清除田间所有的杂草，并刨出草根、石块、树根等杂物，以保证大叶芹的根系能够正常生长。

(2)施肥　翻耕后每亩地施优质农家肥 2 500～3 000 千克，同时加入复合肥 30 千克左右，然后做成宽 120 厘米，长 10～15 米，高 15～20 厘米的苗畦，畦间距 20～30 厘米。

4. 播种

4 月中旬可进行播种，播种前应将床面浇足底水后再行播种。播种时可采用撒播或条播的方式，每亩用种量约为之前处理的种沙混合物 4 千克。条播时开浅沟，约深 2 厘米、宽5厘米、间距8厘米，将种沙撒入沟内，以每厘米可见2～3粒种子为宜，之后覆盖0.5～1厘米细土；撒播时将畦面耙平后均匀撒播，覆盖0.5～1厘米细土。

5.苗期管理

大叶芹菜生长喜阴湿环境，早春时期土壤较干旱，可2～3天浇1次透水，随后根据土壤墒情适时浇水，浇水时要采取喷灌的方式土壤湿度保持在65%～75%为宜。

播种后，气温较低可在苗床上覆盖上一薄层稻草，提高苗床温度，20～25天后可见出苗。

出苗后，要注意及时除草，保证苗床内无杂草，以免影响幼苗生长。

同时可设置遮阳网控制温湿度，并逐步增加光照。形成弱光、阴湿利于大叶芹幼苗生长的环境。

当幼苗长至5～7厘米时如果苗生长过密，可将苗按一定株距分开。11月初在上冻前可将种苗起出，作为冬季温室生产用的种苗。

6.移栽与管理

(1)移栽　从苗床起出幼苗后进行移栽定植，每穴可定植3～4株幼苗，丛距5厘米、行距10厘米。

(2)管理　7月中旬和8月中旬每12米^{2}追施尿素或硝铵250～350克，生长期内注意除草、杀虫、浇水等常规管理，确保移栽苗茁壮成长，生长中、后期应及时中耕除草和补施磷、钾肥。翌年5月上旬当嫩茎长至25～30厘米高时即可收获。

(二)冬季温室栽培

冬季温室生产主要是将当年培育的种苗，移栽到日光温室内栽培，使大叶芹在春节时期上市以提高经济效益。

1. 种苗、种根的准备

将人工驯化繁育的种苗于10月底或11月初起出，最好边起苗边移栽提高种苗成活率，如起苗地点离温室大棚较远，应该注意不要将种苗成堆放置，否则引起伤热。

如果没有人工种苗，可在9月下旬没有下霜前前往野生大叶芹生长密集的地带采集种根，此时植株地上部分明显，方便寻找种根，采集种根时要注意去掉地上部分的茎叶，将根部用工具刨出，取根时要注意不要破坏种根的生长点，搜集好后带回温室准备移栽，在存放时要注意不能伤热，同时要注意保湿。

2. 整地和施肥

起苗前做整地工作，去除温室土地内的杂草和杂质后翻地、耙平、做畦。每亩施腐熟优质农家肥3 000千克左右。8米跨度左右日光温室可沿东西方向做4条长畦，长度可因温室而定，畦宽1.2～1.5米，高15～20厘米，畦间距30～40厘米。

3. 移栽

目前多采用以下2种方进行移栽：①将种苗按行距8厘米左右、穴距8～10厘米、每穴3～4株定植，深度10～15厘米即可，定植后浇透底水。②移栽前先浇足底水以利于缓苗，待稍干后采用均匀摆苗法，每平方米摆苗400～

500 根,摆苗时生长点要朝向上方。

采用上述方式移栽后,应在根部覆 2 厘米左右厚度的山皮土(山皮土最好过筛),如有露出部分单独重新覆土,然后用喷壶再浇 1 次水。

4. 田间管理

大叶芹喜阴湿,因此为防止植株受日晒灼烧,温室内应设置遮阳网,避免光照过强。同时根据土壤墒情适时浇水约 5 天喷 1 次透水,使土壤温度保持在 60%~70%,白天将温室温度控制在 25℃左右,夜间可将温度控制在 12℃,最低不可低于 5℃。生长期注意控制室内温度,如温度过高则容易引起茎叶老化。当温度升高后大叶芹开始萌动,10 天左右新叶展开,植株抽茎生长,在保证温度和温度的前提下,植株生长迅速,12 月末可达到 15 厘米左右,当气温变低后要注意保温特别是夜间保温,以免影响植株生长。

5. 养根培肥

大叶芹终止采收后,将大棚内地上部分的茎叶清理干净,为补充土壤养分,使植株根部萌发,可每亩施腐熟农家肥 3 000 千克,水分、光照及温度管理参照上述标准管理。

终霜期过后,只留下遮阳网,将棚膜揭掉,及时除草。8 月中旬至 9 月中旬进行种子采收工作,种子随熟随采。

为提高经济效益,也可以大叶芹采收终止期栽培其他作物,如水果番茄等。11 月中旬,将温室内清除干净,施农家肥 3 000 千克,开始冬季温室栽培生产。

(三)林下栽培

1. 选地

大叶芹喜阴,选择土壤肥沃,地势有一定坡度的阔叶混交林及杂木林阴湿处进行林下栽培。

2. 整地

去除栽培地内的杂草、杂物及灌木,根据实际情况修整树冠。如条件允许应在头年冬季土壤冰冻前刨地,深度25厘米左右,此举措可起到冻死地下病原菌及害虫、虫卵的作用。对于较为贫瘠的土壤可每平方米施230克复合肥来改善土壤肥力。

3. 打垄、做床

春季将地块耙平,做床前,每公顷施入5 000千克腐熟农家肥,翻入畦床下20厘米。起60厘米大垄,做床长度不要超过10米,床宽1米左右,高8～10厘米,为保证出苗质量床面要平,同时要浇足底水。

4. 移栽

林下栽培多采用根茎繁殖法。

大叶芹主根茎在地表浅层,采挖时要注意根部泥土不要除去,以保证移栽成活率。可用全根和剪根2种苗,全根栽植时,根系过多过密可适当摘除部分根系,根过大、过长时可采用剪根的方式,方便栽植。栽植时可在床面铺地膜,这样能够使大叶芹老化期延迟,提早上市,提高产量和经济效益。

5. 田间管理

(1)浇水　移栽后及时浇水,以保证苗的成活率,后期根据实际情况适时浇水。

(2)施肥　根据苗的生长情况，可在缓苗半个月后施液态氮肥 1 次。

(3)除草　在禾本科植物两叶一心时，用除草剂对地块内杂草进行处理，随后根据杂草生长情况适时除草，平均 12 天左右处理 1 次，以免影响大叶芹生长，期间土壤发生板结，及时松土，缺苗则及时补苗。

三、病虫害防治

(一)根腐病

1. 病状

植株根茎部染病后出现水浸状红褐色斑，随后病斑逐渐变深呈现暗(黑)褐色，叶片失绿，最后变黄。

2. 病源及发病规律

根腐病由腐霉、丝核菌、核盘菌等真菌引起。病菌常于土壤或病残组织上越冬，高温高湿条件下病菌易发作，病菌可从植株根茎部伤口处侵入，地下虫害严重的情况下，也容易造成此病发病重。

3. 防治措施

(1)实行轮作措施，或者用多菌灵等对地块进行全面消毒，去除土壤内的病菌。

(2)病害发生初期，用 70%敌克松可湿性粉剂 800～1 000 倍液灌根或 50%多菌灵可湿性粉剂 500 倍液，每 10 天灌 1 次，连灌 2 次。

(3)用 48℃温水浸种 30 分钟。

(二)立枯病

1. 病状

苗根茎部变为红褐色,后逐渐枯萎、死亡,病发严重时可造成大量植株死亡。

2. 病源及发病规律

由半知菌亚门真菌立枯丝核菌引起,病菌可在土壤中过冬,病菌通过苗的伤口或直接从根部侵入,并通过农用工具、流水传播,育苗期此病容易发生。植株过密、温度过高容易诱发该病。

3. 防治措施

(1)苗过密时应及时间苗,同时做到及时通风,避免出现高温现象。

(2)整地时用同等量的 40%拌种灵与福美双混合,每平方米施药 8 克对苗床进行消毒;苗期喷洒 0.1%～0.2% 的磷酸二氢钾,如苗床上有死苗应立即去除,并 75%的百菌清 700 倍液对全床进行消毒。

(三)叶斑病

1. 病状

植株叶片受到危害,叶片上早期出现黄绿色水渍状斑点,慢慢变成圆形褐色或深褐色病斑,如叶柄和茎上发生此病害,则病斑呈圆形或条形,高温高湿条件下,发病处会产生霉状物。

2. 病源及发病规律

此病由半知菌亚门芹菜尾孢菌引起，病原以菌丝体附着在病残体、种子或病株上越冬，条件适宜的情况下随工具、风或水进行传播。高温高湿、地块排水不畅、通风不良、浇水方式不科学等都容易引起叶斑病的发生。

3. 防治措施

(1)种植时采用轮作的方式，栽植密度合理，植株过密时要及时间苗，不要采用大水漫灌的方式浇水，注意控制棚内的温度与湿度，如果出现病叶及时摘除，控制病害向无病株蔓延。

(2)用5%百菌清粉剂1千克在棚内喷施预防病害的发生；植株发病初期可用50%灭菌灵可湿性粉剂800倍液或50%多菌灵可湿性粉剂800倍液或其他有相同功效的药剂进行喷施，喷3～4次，每7天喷1次。

(3)用48℃温水浸种30分钟。

大叶芹栽培过程中还易发生晚疫病、早疫病、黑斑病、黑腐病、灰霉病、菌核病等病害，防治措施与上述三种病害相似，根据病害发生的具体情况采取相应措施处理，以保证生产。

(四)蚜虫

1. 危害

此病在大叶芹整个生长期均有可能发生，多发生在高温干旱的夏、秋季节。病发时蚜虫集中在心叶部位，吸取植株汁液，使叶柄与叶片不能正常生长，以致整个植株萎缩。

2. 防治

(1)将田地内的杂草及枯枝等清理干净。

(2)采用黄板诱杀的方式，一般情况下 30～50 米^2 一块。

(3)如已发病可用艾美乐 3 000 倍液进行喷洒杀虫。

(五)蛴螬和蝼蛄

1. 危害

蛴螬(金龟子的幼虫)危害植株幼苗，啃食幼苗地下部根茎，最终造成植株死亡。

蝼蛄由于其生物习性，会咬食地下的幼苗和种芽，对植株根部造成伤害，同时蝼蛄在地下活动时会将土壤表层穿成许多隧道，使植株与土壤分离，幼苗无法从土壤中吸取水分，以致干枯死亡。

2. 防治

(1)蛴螬防治方法　药剂处理土壤。如用 50%辛硫磷乳油每 667 米^2 200～250 克，加水 10 倍，喷于 25～30 千克细土上拌匀成毒土，顺垄条施，随即浅锄，或以同样用量的毒土撒于种沟或地面，随即耕翻，或混入厩肥中施用，或结合灌水施入。

(2)蝼蛄防治方法　药剂拌种，用种子重量 0.2%的 50%辛硫磷乳油拌种，可防治蝼蛄。

(六)白粉虱

1. 危害

温室白粉虱吸食大叶芹汁液，使受害叶片褪绿、变黄、枯萎，直至全株死亡。白粉虱繁殖能力强、速度快，可以分泌蜜液，使污染部位发霉，导致煤污病的发生。

2. 防治

(1)采用轮作方式，每 3 年 1 次。

(2)采用黄板诱杀的方式。

(3)栽培前对温室进行消毒，栽培过程中及时摘除老病叶，减少虫害的发生。

(4)喷洒 10%联苯菊酯（天王星）乳油 2 000 倍液、2.5%溴氰菊酯（敌杀死）乳油 2 000 倍液进行防治，每隔 7～10 天喷 1 次，连续防治 3 次。

地老虎、蜗牛、野蛞蝓、甜菜夜蛾等害虫也会危害大叶芹的生长，栽培过程中如发生上述虫害，可查找相关书籍对症防治。

四、采收与加工

1. 采收

(1)采收时期　林下栽培 6 月份即可采收，可采收 3 茬。

温室栽培 12 月末至来年 4 月末期间可持续采收，平均可采收 2～3 茬。

(2)采收标准　植株长到 25 厘米、茎叶鲜嫩时即可采收上市。

(3)采收方法　用刀在距植株基部 2～3 厘米处平割，不可拔苗采收或留茬过高。

(4)包装与贮藏　可按植株长短分开，捆扎成把上市销售,运输过程中注意做好保温措施,以免冻伤降低品质影响销售价格。

2. 加工

为方便大叶芹的贮运和长期保存,除新品销售外还可以采用盐渍和罐头加工2种方式。

第六节　黄花菜生产

一、生产流程

1. 露地栽培生产流程

选地→整地施肥→栽植方法→田间管理→病虫害防治→采收加工

2. 温室栽培生产流程

种根准备→整地施肥→栽植方法→栽后管理→病虫害防治→采收加工

二、栽培技术

(一)黄花菜的繁殖

1. 分株繁殖

(1)根茎的采集

①采集时间　普遍在春秋两季进行,即黄花菜采收结束后(8月中下旬)和翌年春天植株萌发前(3月中下旬)。

②根茎的选择　选择多年生健壮、无病的老黄花。

(2)根茎的处理　将植株从土中起出，去除根上的泥土、老根、短缩茎和膨大的纺锤根，根系留 8 厘米左右，按自然分蘖单株分开，也可 2～3 株为一丛，栽前用 10 毫克/升吲哚乙酸浸根 24 小时，促进根系发育。

2. 切片繁殖

(1)根茎的采集　此种方法根茎的采集同分株繁殖。

(2)根茎的处理　取出植株，去除短缩茎上的黑蒂、膨大的纺锤根、老的缩短茎、泥土等，按自然分蘖单株分开，将单株上的顶芽和侧芽切下，然后将短缩茎切成片，保证每片上带有隐芽和根系，用 1 000 倍液多菌灵液浸泡 20 分钟、晾干后栽植。

(3)育苗　带有隐芽的切片必须经过育苗，方可定植进行露地栽培。选择适合黄花菜生长的地块，整地、施肥后做畦，畦长 10 米、宽 2 米，畦上开深 10 厘米、行距 18 厘米的沟，栽植时株距 9 厘米。

在 2—3 月份黄花菜萌芽前或 8—9 月份均可育苗，但选择春季更为适宜，在春季育苗，成活率高、苗齐，且当年秋天便可移栽至大田中。

3. 种子繁殖

黄花菜还可以采取种子繁殖的方式进行育苗，播种前先要对种子进行浸泡处理，进行催芽，经过 1 年的育苗才能进行大田栽培，生产上采用此方法较少，因为黄花菜种子的发芽率较低。

(二)露地栽培

1. 选地

黄花菜适应较强、根系发达、耐旱、耐瘠,多种类型土壤均可种植。黄花菜喜水肥,因此选择土质肥沃、排水通畅的壤土和沙壤土较为适宜。

2. 整地与施肥

黄花菜为多年生草本植物,一年栽植后可连年收获,在整地时应深耕,这样有利于植株根系生长发育,将地块深耕30厘米左右为宜,去除石块、杂草等,打结的土块要敲碎,最后搂平、做埂、修渠做畦,同时要开好3沟,以保证排水,主沟和围沟宽30厘米、深30厘米,厢沟宽30厘米、深20厘米。

栽植前要施足底肥,每亩施入优质农家肥4 000～5 000千克、尿素30千克、过磷酸钙40千克。

3. 栽植方法

黄花菜可选春秋2季进行栽植,秋季8—9月份、春季在清明节前后、土壤封冻解除后。选择秋季栽植更为适宜,这是因为选择秋季当年移栽植株根系就可以恢复生长状态,第二年便可采收,获得经济效益。

黄花菜在栽植时应合理密植来提高产量,增加经济效益,种植时多采用宽窄行栽植的方式。首先做长6米、宽2米畦,每畦上开2行,宽行100厘米、窄行75厘米,穴距45厘米,每穴栽2～3株。黄花菜的须根自下而上从它的短缩茎上逐年长出,因此在栽植时深度以20厘米左右最为适宜,这样植株分蘖快、生长旺盛。定植后要踩实土壤,露苗

2～3 厘米即可，然后浇 1 次透水，以利于缓苗。

4. 田间管理

(1)栽后初期管理　植株定植后，应注意保苗，及时清除杂草、浇水灌溉，提高苗的成活率。晚秋栽植应做好保温防冻措施，以利来年生产收获。

(2)春夏管理

①施肥　春季苗萌发长至 10 厘米时，根据土壤的肥力每亩施入人粪腐熟肥 250～300 千克、复合肥 15～20 千克，以促使苗的发育。

黄花菜的抽薹期是它的生殖生长状态，此时需要足量的肥料，因此应在 5 月中旬于植株抽薹前，每亩施入尿素 20 千克、硫酸钾 5 千克、过磷酸钙 25 千克，以达到壮薹、催蕾的目的。

植株花蕾采摘 7～10 天时，每隔 7 天喷施 500 倍液磷酸二氢钾及适量氮肥，这样做不仅可以达到壮蕾的效果，还可以防止小蕾脱落，提高产量。

②水分管理　黄花菜喜水，栽植后要保持土壤的湿润，根据天气情况进行灌溉，遇干旱天气要及时浇水、浇透，雨水过剩时要注意排除积水，防涝、减少病虫害的发生和花蕾脱落。

③中耕除草　春季苗刚刚萌发露出地面时可进行第一次中耕除草，第一年新栽的黄花菜应采用人工除草的方式，不可喷洒除草剂，2 年后可使用除草剂。黄花菜长至 40～50 厘米高时，植株生长旺盛，占据了大面积的田地，叶子可将整个地方覆盖，杂草生长受到抑制，可不用除草，中耕应与施肥相结合。黄花菜采收结束后，进行第二次中耕除草，这样做

可以改善土壤结构、去除杂草。

(3)秋冬管理　黄花菜在 8 月下旬基本已采收完毕,但此时阳光、水分充足,植株仍然可以制造养分向地下根茎输送。10 月份温度降低后可除去植株地上部分和田间的杂草,并将割下的茎秆与杂草集中烧毁,以达到减少病虫害发生的目的。

将生产时踩实的行间土进行深翻,深度以 30 厘米较为适宜,但离植株较近的地方应稍浅一些,避免伤根,这样可以改善土壤结构,有利于来年黄花菜的生长发育。在深翻土壤的同时可一同施入腐熟农家肥 3 000 千克,并覆 5 厘米厚的细土防止肥料挥发。

5. 老园的更新

当黄花菜生长 10 年以上,地下部分分蘖过多,会吸收植株过多的养分,从而影响地上部分花蕾的分化和发育,造成减产。

因此,此时要对老园进行更新,可将每穴过密的植株取出 1/3 或者将老株全部挖出,重新进行栽培。第二种方式容易引起第一年产量降低,所以生产上普遍采用第一种方式进行老园更新。

(三)温室栽培

1. 种根的准备

黄花菜温室栽培可选择冬暖型大棚进行,温室栽培的植株应选择生长 3～5 年的健壮、无病植株,采用分株繁殖的方式将母根分割成种苗备用。

2. 整地与施肥

温室栽培与露地栽培基本相同。

3. 栽植方法

温室栽培的定植时间约为6月中旬至7月中旬,定植过晚会影响植株的养分积累与生长发育,翌年春天采收时则产量降低。做1.6米宽的畦,穴距40厘米定植4行,每穴栽植3颗分割好的种苗,栽后踩实土壤。

4. 栽后管理

(1)水肥管理

①浇水　定植时正处于雨季,在整地时要挖好排水沟,同时注意及时排除积水,防止内涝的发生。此后,根据雨水的情况,进行浇水,但不要大水漫灌,防止抽薹过长和落蕾情况的发生,浇水时要结合施肥。

②施肥　地上植株长出7～10片叶时,每亩追施氮、磷、钾复合肥30千克,以促进花芽分化和植株生长。抽薹时施三元复合肥20千克、30%的农家肥(人粪尿)300千克,以壮薹、壮蕾。为防止黄花菜的花蕾脱落,在花蕾采收10天后,每隔7天喷施磷酸二氢钾500倍液1次,达到保蕾的效果。

(2)扣棚　黄花菜是低温常日照植物,选用冬暖型大棚对其进行保护栽培,目的是为了提前花期延长黄花菜的生长期。在12月下旬或翌年1月上旬扣棚,大棚可覆盖无滴膜和草苫,无滴膜要每年更换1次。

(3)扣棚后温度、湿度管理　黄花菜在不同的生长发育阶段,对温度和湿度的要求不同。

黄花菜抽薹前，温室内白天温度要控制在14～20℃，夜间温度控制在10℃，最低不低于5℃；抽薹后白天温度要保持在20～25℃，植株结蕾期控制在25～30℃。同时，要控制棚内的空气湿度，湿度过高容易引起病虫害的发生，当棚内湿度高于90%时要注意通风换气，降温排湿。

三、病虫害防治

（一）锈病

1. 病状

锈病又称红蝼，是危害黄花菜生长最严重的病害，在黄花菜的生长期使叶片、茎秆、花薹上出现淡红色的泡状小点，这些泡状小点为夏孢子堆，孢子堆成熟后，破裂释放出锈褐色粉末，发病严重时，会造成植株叶片枯死、抽薹少甚至不抽薹、花蕾变干或脱落。

2. 病源及发病规律

锈病由萱草柄锈菌的真菌引起。病菌常以冬孢子堆的形态着生在残枝上越冬，来年春天温度和湿度适宜时冬孢子堆释放出孢子，孢子通过风、雨、灌溉等途径进行传播，继而形成夏孢子堆，造成新一季的感染，氮肥施用过多、雨水大、温度高时病害发生严重。

3. 防治措施

(1)采收结束后，将地上部分清除干净并集中销毁，防止病菌在植株上越冬。

(2)病害发生初期，用15%粉锈宁可湿性粉剂1 500倍液或20%腈菌唑2 000～3 000倍液，每隔15～18天喷施1次，共喷施2～3次。

(3)多施复合肥，提高植株的抗病能力，施肥时适量施用氮肥。

(二)叶斑病

1.病状

叶斑病又名秆腐病，病斑最早在叶片上出现，病斑呈棱形或椭圆形，颜色由淡黄色逐渐变为黄褐色，中央灰白色，叶斑病在叶上发生后，会向薹秆蔓延，由褐色水渍状小点发展成条状病斑，严重时会造成整个植株死亡。

2.病源及发病规律

该病病菌以厚垣孢子、分生孢子及菌丝体在病残体和土壤中越冬，翌年春天孢子通过风进行传播，病菌感染春季新发幼苗嫩叶，3—6月份为发病期，之后病菌在病枝上越夏，9月份后重新侵害植株。

3.防治措施

(1)生长期及时清除园内的病株，防止植株大面积被侵害，采收结束后，将地上部枯苗全部割除并烧毁。

(2)病害发生初期，可用50%斑轮菌克800倍液或50%多菌灵800倍液进行喷施。

(三)蚜虫

蚜虫多发生于5月份，喜吸食植株的汁液，当虫害发生在花蕾时，会造成花蕾发育不良、变小，严重时使花蕾脱落。

用40%的乐果乳剂1 300倍液每周喷洒1次，直至采收前 10 天，开花期间可用草木灰浸出物等生物源农药防治，这样可以起到农药残留的作用。

（四）红蜘蛛

成虫和若虫会大量地聚集在叶片的背面，受侵害部位出现白色小点，严重时整个叶片变为灰白色，以致最后枯萎、脱落。

早春时节清除地面杂草，使害虫没有可食用的食物，用 15％扫螨净可湿性粉剂 1 500 倍液，或 73％克螨特 2 000 倍液喷雾。

（五）蛴螬

蛴螬为金龟子的幼虫，喜欢啃食植株的根、茎和幼苗，具有趋光性，对未腐熟的粪肥趋性较强，春秋两季危害植株最为明显。成虫 4 月份出土，6 月份新一代蛴螬出现，蛴螬啃食植株时会对植株造成伤口，又会引起其他病害。

利用蛴螬的趋光性使用黑光灯进行诱杀。施用腐熟的有机肥。秋冬翻地要深翻，使蛴螬的幼虫露于地表，死于风干、冰冻或被其天敌捕食。如已发生虫害，可在灌溉时加入 90％的晶体敌百虫 800 倍液，进行药剂毒杀。

除上述病虫害外，叶枯病、白绢病、粉斑螟蛾等也为黄花菜常见病虫害，如有发生，可采取相应的防治措施。

四、采收与加工

（一）采收

1. 采收时间

露地栽培采收期为 7 月上旬至 9 月上旬，温室栽培采收期为4月中旬至6月中旬。

2.采收标准

黄花菜采收标准较为严格，过早采收，花蕾为青蕾，糖分少、分量轻、颜色差；过晚花蕾已开，汁液外流，品质差。花蕾饱满、尚未开放、中间颜色金黄、两端为绿色、顶端紫色已褪去为最佳采收时间。

3.采收方法

采收时应熟一朵采收一朵，将已成熟的花蕾在花蒂与花梗相连处轻轻折断，过程中注意不要伤到未成熟的幼蕾，放入容器内时要轻放、不要重压，以免影响产品质量，一天可采收2次，清晨和下午1:00—2:00，采收回来的花蕾要及时干制，以防花嘴开裂，影响产品品质。

4.贮藏

鲜品黄花菜在相对湿度90%和温度0～5℃的条件下可贮藏1周。干黄花菜则贮藏时间较长，但要注意温度、湿度、光照、通风等情况。

(二)加工

鲜黄花菜中含有有毒物质秋水仙碱，因此黄花菜普遍采用干制的方式进行加工，加工按顺序分为蒸制或腌制、干燥、分级、包装4道程序，其中以干燥这一程序最为重要。

参 考 文 献

[1] 蔡衍山,吕作舟,蔡耿新,等 .食用菌无公害生产技术手册.北京:中国农业出版社,2003

[2] 张金霞.新编食用菌生产技术手册.北京:中国农业出版社,2000

[3] 上海市农业科学院食用菌研究所.食用菌栽培技术.北京:农业出版社,1985

[4] 河南农业大学植保系微生物教研室.食用菌栽培与加工.北京:金盾出版社,1988

[5] 王文学,傅耀荣.食用菌栽培高产新技术.北京:农村读物出版社,1989

[6] 陈成基,林晋梅,潘崇环.农家食用菌培植法.北京:科学技术文献出版社,1985

[7] 杨国良,等.26 种北方食用菌栽培.北京:中国农业出版社,2001

[8] 汪昭月,等.食用菌科学栽培指南.北京:金盾出版社,1999

[9] 戴希尧,任喜波.食用菌实用栽培技术.北京:化学工业出版社,2015

[10] 赵桂敏.北方中药材种植技术.北京:化学工业出版社,2013

[11]刘兴权,李升,等.山野菜栽培技术.北京:中国农业科技出版社,2001

参考文献